中国电力减排研究 2019

中国低碳电力
发展指标体系研究

—— 王志轩　张建宇　潘荔 等◎编著 ——

Study on the Low-Carbon Development Indicator System
for China's Power Sector—China's Power Industry Emissions Reduction Report 2019

中国环境出版集团·北京

图书在版编目（CIP）数据

中国电力减排研究.2019：中国低碳电力发展指标体系研究/王志轩等编著. —北京：中国环境出版集团，2020.5

ISBN 978-7-5111-4334-1

Ⅰ．①中… Ⅱ．①王… Ⅲ．①电力工业—节能—研究—中国—2019②电力工业—排烟污染控制—研究—中国—2019 Ⅳ．①TM62

中国版本图书馆 CIP 数据核字（2020）第 077619 号

出 版 人	武德凯
责任编辑	张秋辰
责任校对	任 丽
封面设计	岳 帅

出版发行	中国环境出版集团
	（100062 北京市东城区广渠门内大街 16 号）
	网 址：http://www.cesp.com.cn
	电子邮箱：bjgl@cesp.com.cn
	联系电话：010-67112765（编辑管理部）
	发行热线：010-67125803，010-67113405（传真）
印 刷	北京中科印刷有限公司
经 销	各地新华书店
版 次	2020 年 5 月第 1 版
印 次	2020 年 5 月第 1 次印刷
开 本	787×1092 1/16
印 张	6
字 数	100 千字
定 价	36.00 元

本书作者

王志轩　张建宇　潘　荔　张晶杰　杨　帆　王　宇

王　昊　秦　虎　朱德臣　郭慧东　雷雨蔚　王霈晗

项目合作单位

中国电力企业联合会

美国环保协会

前言

"中国电力减排研究"是中国电力企业联合会（以下简称"中电联"）与美国环保协会长期合作研究项目的主要成果之一。《中国低碳电力发展指标体系研究——中国电力减排研究 2019》是连续第 13 年出版的年度报告，按以往编写惯例，本书分三部分内容：第一部分反映 2018 年中国电力发展及节能减排情况，保持结构格式的延续性；第二部分和第三部分围绕"指标体系"主题，重点分析了中国低碳电力发展指标体系并提出政策建议。

2019 年度的主题聚焦"指标体系"是因为"十三五"规划接近尾声，研究和制定"十四五"规划已经提上日程。在中国经济已由高速增长阶段转向高质量发展阶段和党的十九大报告对中国经济社会发展的目标做出新部署的背景下，伴随着中国环境质量和全球应对气候变化的新要求，中国低碳电力发展已成为高质量发展的重要组成部分和中国人民共同关注与行动的重大领域。低碳电力发展指标体系是引导落实低碳电力发展理念的重要工具，构建新的低碳电力发展指标体系对于落实新的发展理念和实现新的发展目标至关重要。

"十四五"乃至今后更长时期，中国低碳电力如何发展？如何构建低碳电力发展指标体系？如何处理好低碳电力发展指标体系中指标的关系问题？这些问题都值得细致分析和深入研究。

本书由中电联和美国环保协会共同编写。由于时间仓促，且中国低碳电力发展相关政策不断更新、变化，书中不当及疏漏之处，敬请读者提出宝贵意见！

摘要

《中国低碳电力发展指标体系研究——中国电力减排研究 2019》反映了 2018 年中国电力发展水平和煤电清洁发展情况，梳理了 2018 年以来与电力节能环保低碳相关的重要法规政策；介绍了中国低碳电力发展现状及约束性因素；在分析"十三五"低碳电力发展指标及执行情况的基础上，重点提出了"十四五"低碳电力发展指标体系及调整建议，并提出了促进中国低碳电力发展的政策建议。本报告分三部分内容：

第一部分主要反映了 2018 年中国电力发展水平和绿色发展情况。截至 2018 年年底，全国全口径发电装机容量达到 190 012 万 kW，同比增长 6.5%；其中，水电 35 259 万 kW（包括抽水蓄能发电 2 999 万 kW），同比增长 2.5%；火电 114 408 万 kW（包括燃煤发电 100 835 万 kW、燃气发电 8 375 万 kW），同比增长 3.1%；核电 4 466 万 kW，同比增长 24.7%；并网风电 18 427 万 kW，同比增长 12.4%；并网太阳能发电 17 433 万 kW，同比增长 33.7%。全国水电、核电、并网风电和太阳能发电等非化石能源发电装机容量占全国总装机容量的 40.8%，同比提高 2.1 个百分点。2018 年，全国 6 000 kW 及以上火电厂供电标准煤耗 307.6 g/（kW·h）；全国电力烟尘排放量约 21 万 t，烟尘排放绩效 0.04 g/（kW·h）；全国电力二氧化硫排放量约 99 万 t，排放绩效 0.20 g/（kW·h）；全国电力氮氧化物排放量约 96 万 t，排放绩效 0.19 g/（kW·h）；全国单位火电发电量二氧化碳排放约 841 g/（kW·h），比 2005 年下降 19.4%；单位发电量二氧化碳排放约 592 g/（kW·h），比 2005 年下降 30.1%。

第二部分介绍了中国低碳电力发展现状及约束性因素，在分析"十三五"低碳电力发展指标及执行情况的基础上，重点提出了"十四五"低碳电力发展指标体系及调整建议。低碳电力发展目标包含安全、绿色和经济三个方面。按照约束性理论，低碳电力发展约束性可从资源约束和技术约束特性、刚性约束和弹性约束特性、短期约束和长期约束特性来分析。其中，资源约束和技术约束直接受各种相关法律、法规、规章、文件、标准等影响；刚性约束主要指难以通过增加合理成本来破除的约束，包括资源贫乏、没有技术或者禁止性命令；弹性约束则是指可以通过提高成本来破除的约束；短期约束是指在一个五年规划时期的约束；长期约束是指中远期约束，如 2030 年、2050 年等关键节点年份的约束。解决低碳电力发展约束性因素问题的过程是一个实现低碳电力发展预期目标的过程，而这个目标就是将"安全、绿色、经济"进一步指标化，并根据时段或发展阶段将指标数量化。"十三五"低碳电力发展指标包含了不同时期出台的法律及政策性文件中相关的电力碳排放强度或排放总量、电力节能与非化石能源替代等方面的 15 项指标。在对以上指标执行情况进行分析的基础上，结合中国经济高质量发展转型、党的十九大报告部署新发展要求以及全球应对气候变化新目标等发展形势，研究构建"十四五"低碳电力发展指标体系。其中，建议对能源消费总量、大型发电集团单位供电二氧化碳排放、大型发电集团单位煤电二氧化碳排放、煤电机组供电煤耗、煤炭消费比重和天然气消费比重六项低碳电力引导性指标只设定为长期性、预期性指标，且不进行考核和分解；建议对大型发电集团单位供电二氧化碳排放强度与煤电机组二氧化碳排放强度指标调整为全国单位火电发电量二氧化碳排放强度[g/（kW·h）]和全国单位发电量二氧化碳排放强度[g/（kW·h）]。

第三部分提出了促进中国低碳电力发展的政策建议。一是建议完善指标体系顶层设计，如研究制定综合性能源法和应对气候变化法或者低碳发展法等；协调优化低碳电力发展指标与能源发展、污染控制、能源结构转型、新兴产业发展等多种目标关系等。二是建议以碳统领解决低碳能源电力发展的约束性问题，建立科学决策机制，目标确定需要反映当今实际问题，而碳排放控制将成为中长期发展最大的制约因素，一切战略目标和战术措施都应将此当成最重要的问题加以策划，应以碳统领解决低碳能源电力发展的约束性问题。三是建议发挥碳市场机制协同作用，尽可能采用碳市场来统领各种政策；当前实施的有利或者促进低碳发展的各种政策，需要优先考虑、创造条件通过碳市场解决。四是建议简化碳减排指标体系，应以中国向国际社会的承诺目标为依据，确定碳减排指标体系；同时根据应对气候变化形势发展、中国经济发展和碳减排进展，研究科学的碳减排承诺目标，并修订相应的碳减排指标和目标；由应对气候变化主管部门牵头，统一制定与碳指标、碳目标相关的政策性文件，减少与碳目标相关的文件数量和层次，在相关能源电力规划制定中应当尽可能减少规划文件的层级等。

Abstract

Study on the Low-Carbon Development Indicator System for China's Power Sector — China's Power Industry Emissions Reduction Report 2019 (referred to as "the Report" hereinafter) gave an overview of developments in China's power sector and clean coal-fired power, outlined key energy conservation and environmental protection policies and regulations for China's power sector issued since 2018, and offered an explanation of the constraints facing the power sector's low-carbon development. Furthermore, based on an analysis of the power sector's low-carbon development indicators and their implementation during the 13th Five-Year-Plan (FYP), the report provided suggestions for adjusting the indicator system in China's 14th FYP. In addition, it also offered separate policy suggestions that also aim to promote the low-carbon development of China's power sector. The Report is divided into three sections:

The first section reviewed both overall and environmentally specific developments seen in China's power sector in 2018. By the end of 2018, China's total installed power generation capacity reached 1,900.12 GW, increasing 6.5% compared to 2017. More specifically, China's hydropower capacity reached 352.59 GW (including 29.99 GW of pumped storage power generation), increasing 2.5% compared to 2017; thermal power capacity reached 1,144.08 GW (including 1,008.35 GW of coal-fired power and 83.75 GW of gas power), increasing 3.1%; nuclear power capacity reached 44.66 GW, increasing 24.7%; on-grid wind power reached 184.27 GW, increasing 12.4%; and on-grid solar power reached 174.33 GW, increasing 33.7%. The generation capacity from non-fossil fuel sources, which includes hydropower, nuclear power, and on-grid wind and solar, accounted for 40.8% of China's total power generating capacity in 2018, an increase of 2.1% compared to 2017. For thermal power plants with capacities over 6,000 kW, the standard coal consumption rate for power supply was 307.6 g/(kW·h). Nationwide dust emission from the power sector was 0.21 million tons in 2018, while the sector's dust emission intensity was 0.04g/(kW·h). Additionally, nationwide SO_2 emissions were about 0.99 million tons, with an emission intensity of 0.20 g/(kW·h), and nationwide NO_x emissions were about 0.96 million tons, with an emission intensity of 0.19 g/(kW·h).

The second section introduced and highlighted constraints on low-carbon development in China's power sector. Based on an analysis of the power sector's low-carbon development indicators and their implementation during the 13th FYP, the report provided suggestions for the indicator system in China's 14th FYP. The power sector's low-carbon development goals are comprised of three characteristics – safe, green, and economically feasible. According to the theory of constraints, low-carbon development constraints can be analyzed from a framework of resource and technology constraints, rigid and flexible constraints, and short and long-term constraints. Resource and technology constraints are directly affected by the relevant technical standards and regulations. "Rigid constraints" are mainly defined as constraints that are difficult to resolve at a reasonable cost, such as resource scarcity, a lack of technology, or a legal ban; "flexible constraints" refer to those that can be solved at a reasonable additional cost, such as through market-based methods like carbon trading. "Short-term constraints" refer to those faced within a five-year period, while "long-term constraints" refer to the medium-long term, such as by a milestone year of 2030 or 2050. The process of addressing constraints on the power sector's low-carbon development is itself a process of realizing specific low-carbon development goals. Specifically, these goals are to define "safe, green, and economically feasible" with standardized indicators, and then quantify these indicators in terms of time and development phase. The 13th FYP's low-carbon development goals for the power sector includes 15 indicators in areas like carbon emissions intensity, total carbon emissions amount, energy efficiency, and replacing energy capacity with non-fossil fuels. Synthesizing analyses of these indicators' past implementation, the CPC's goals and policies for high-quality economic transformation, and new global momentum on addressing climate change, the study helped establish the power sector's low-carbon development indicator system in the 14th FYP. Furthermore, the study suggested that six guiding low-carbon development indicators, namely total energy consumption, CO_2 emissions from large groups' power supply-related activity, CO_2 emissions from large power groups' coal use, total coal consumption from coal-fired generating units, and proportions of coal consumption and natural gas consumption should only be set as long-term, predictive indicators, and not be subject to review or an itemized breakdown. Additionally, the study suggests several changes to the indicators, such as respectively adjusting CO_2 emissions intensity standards for power supplying groups and CO_2 intensity standards for major power groups' coal-fired units to nationwide thermal power plants' CO_2 emissions intensity standards [g/(kW·h)] and nationwide CO_2 emissions intensity standards for power generation [g/(kW·h)）].

The third section proposed policy suggestions for promoting low-carbon development in China's power sector. The first suggestion is to improve the top-level design of the indicator system. Specific measures may include researching and implementing comprehensive energy, climate change, and low-carbon development regulations. Another potential measure to this end is coordinating low-carbon power development indicators and goals for energy development, pollution control, energy transition, and emerging industries. The second suggestion is using a carbon-led strategy to solve development constraints on low-carbon energy. This can be realized using scientific decision-making mechanisms to address China's current low-carbon development problems. Given that carbon emissions control will become the most significant development constraint in the medium and long-term, all goals and strategic measures should focus on carbon emissions. Third, the carbon market was suggested as an effective way to promote policy coordination, and should be prioritized in addressing low-carbon issues. The fourth suggestion was to simplify the carbon emissions reduction system and to align the system with China's international commitment target. Given recent developments in addressing climate change，China's economic situation，and China's progress in carbon emissions reduction，the committed emissions reduction target should be scientifically investigated. The carbon emissions reduction indicators and goals should also then be adjusted accordingly. Government agencies responsible for climate change should simplify and streamline policy construction that shapes carbon indicators and reduction targets.

目 录

第一部分　2018 年中国电力发展水平和绿色发展情况.................1

1 中国电力发展概况..3
　1.1　电力生产与消费...3
　　1.1.1　电力生产...3
　　1.1.2　电力消费...6
　1.2　电源结构...6
　　1.2.1　火力发电...6
　　1.2.2　非化石能源发电...8
　1.3　电网规模..10

2 煤电清洁发展情况...11
　2.1　大气污染物排放及控制..11
　　2.1.1　烟尘..11
　　2.1.2　二氧化硫..12
　　2.1.3　氮氧化物..13
　2.2　节能降耗与综合利用..15
　　2.2.1　节能降耗..15
　　2.2.2　固体废物综合利用..16
　　2.2.3　废水治理..18
　2.3　温室气体排放与控制..18

3 新出台的重要相关法规政策 20

    3.1 法律 20

    3.2 中共中央、国务院要求 21

    3.3 国际协议和国家要求 21

    3.4 部门规章 23

    3.5 技术标准与规范 26

第二部分　中国低碳电力发展现状及约束性因素 29

4 中国低碳电力发展指标分析 31

    4.1 低碳电力发展内涵 31

    4.2 中国低碳电力发展及约束性因素 32

        4.2.1 低碳电力发展措施 32

        4.2.2 低碳电力发展情况 35

        4.2.3 低碳电力发展约束性因素分析 39

    4.3 低碳电力发展约束性因素指标化及指标体系 40

        4.3.1 约束性因素指标化 40

        4.3.2 约束性因素指标体系 40

5 "十三五"低碳电力发展指标分析 42

    5.1 现行低碳电力发展指标 42

    5.2 指标执行情况分析 44

        5.2.1 综合性指标 44

        5.2.2 能源节约型指标 50

        5.2.3 能源结构性指标 50

6 "十四五"低碳电力发展指标调整建议 55

    6.1 指标选择依据 55

        6.1.1 政策法规 55

　　　6.1.2　对外承诺 56

　6.2　指标体系构建 56

　　　6.2.1　构建原则 56

　　　6.2.2　指标调整 56

　　　6.2.3　指标体系构建 60

第三部分　促进中国低碳电力发展的政策建议 61

7　政策建议 63

　7.1　建议完善指标体系顶层设计 63

　7.2　建议以碳统领解决低碳能源电力发展的约束性问题 63

　7.3　建议发挥碳排放权交易市场机制协同作用 64

　7.4　建议简化碳减排指标并优化低碳政策 64

附　录 67

2018 年以来中国电力节能环保低碳相关法规政策 69

参考文献 75

Part.1

第一部分

2018 年中国电力发展水平和绿色发展情况

1 中国电力发展概况

2018 年，电力行业按照高质量发展的"绿色低碳、提效提质"要求，继续加大电力结构调整力度，推进清洁能源大范围优化配置，提高终端能源电气化利用水平。

1.1 电力生产与消费

1.1.1 电力生产

1）装机容量

根据中电联统计，截至 2018 年年底，全国发电装机容量为 190 012 万 kW，同比增长 6.5%，增速比 2017 年回落 1.2 个百分点。其中，水电 35 259 万 kW（包括抽水蓄能发电 2 999 万 kW），同比增长 2.5%；火电 114 408 万 kW（包括燃煤发电 100 835 万 kW、燃气发电 8 375 万 kW），同比增长 3.1%；核电 4 466 万 kW，同比增长 24.7%；并网风电 18 427 万 kW，同比增长 12.4%；并网太阳能发电 17 433 万 kW，同比增长 33.7%。

2010—2018 年全国发电装机容量与增速变化情况见图 1-1；2010—2018 年全国分类型发电装机容量占比情况见图 1-2。

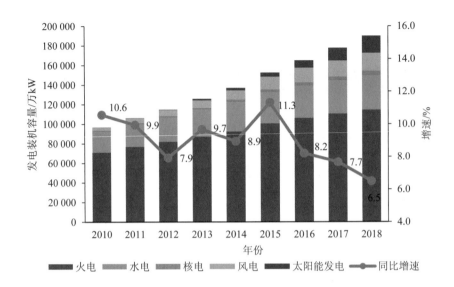

图 1-1　2010—2018 年全国发电装机容量与增速变化情况

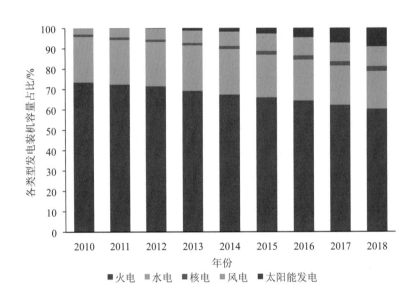

图 1-2　2010—2018 年全国分类型发电装机容量占比情况

2）发电量

2018 年，全国全口径发电量 69 947 亿 kW·h，同比增长 8.4%，增速比 2017 年提高 1.9 个百分点。其中，水电 12 321 亿 kW·h，同比增长 3.1%；火电 49 249

亿 kW·h（包括燃煤发电 44 829 亿 kW·h、燃气发电 2 155 亿 kW·h），同比增长 7.3%；核电 2 950 亿 kW·h，同比增长 18.9%；并网风电 3 658 亿 kW·h，同比增长 20.1%；并网太阳能发电 1 769 亿 kW·h，同比增长 50.2%。

2010—2018 年全国发电量与增速变化情况见图 1-3；2010—2018 年全国分类型发电量占比情况见图 1-4。

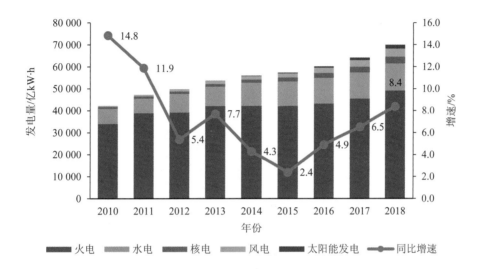

图 1-3　2010—2018 年全国发电量与增速变化情况

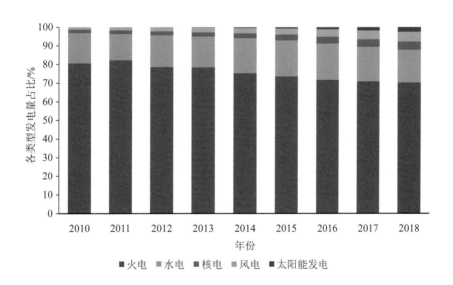

图 1-4　2010—2018 年全国分类型发电量占比情况

1.1.2 电力消费

在宏观经济运行总体平稳、服务业和高技术及装备制造业较快发展、冬季寒潮和夏季高温、电能替代快速推广、城农网改造升级释放电力需求等因素的综合影响下,全社会用电量实现较快增长。2018 年,全国全社会用电量 69 002 亿 kW·h,同比增长 8.4%,为 2012 年以来最高增速,增速比 2017 年提高 1.8 个百分点。2018 年,全国人均用电量 4 945 kW·h,较 2017 年人均用电量增加 356 kW·h。

2010—2018 年全国全社会用电量及其增速见图 1-5。

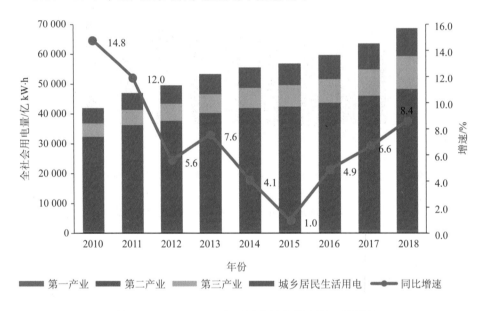

图 1-5　2010—2018 年全国全社会用电量及其增速

1.2　电源结构

1.2.1　火力发电

2018 年,全国新增火电装机容量 4 380 万 kW（其中,新增燃煤发电 3 056 万 kW、燃气发电 884 万 kW）,火电及其煤电投产规模创 2004 年以来新低。截至 2018 年年底,全国火电装机容量 114 408 万 kW,占全国发电装机容量比重 60.2%。其中，燃煤发电装机容量 100 835 万 kW，燃气发电装机容量 8 375 万 kW，生物质发电装机容量 1 947 万 kW，余温、预压、余气发电装机容量 3 018 万 kW。2018 年，全国火电发电量 49 249 亿 kW·h，占比 70.4%，比 2017 年降低 0.7 个百分点。其中，燃煤发电 44 829 亿 kW·h，燃气发电 2 155 亿 kW·h，生物质发电 936 亿 kW·h，余温、预压、余气发电共 1 273 亿 kW·h。

2010—2018 年全国火电装机容量及比重变化情况见图 1-6。

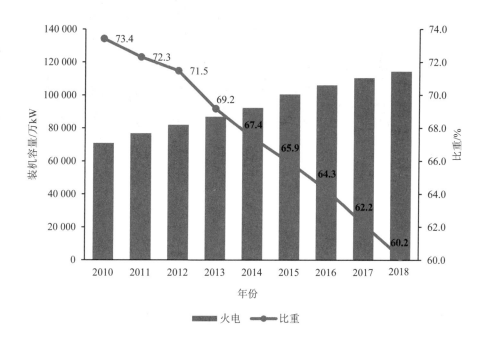

图 1-6　2010—2018 年全国火电装机容量及比重变化情况

截至 2018 年年底，纳入电力行业 6 000 kW 以上机组统计调查范围的火电机组容量 107 924 万 kW，占全国 6 000 kW 及以上火电机组容量的 95.0%。在调查范围中，单机 30 万 kW 及以上火电机组容量占比约 80.1%；单机 60 万 kW 及以上火电机组容量占比约 44.8%；单机 100 万 kW 及以上火电机组容量占比约 10.6%。从结构变化趋势来看，30 万 kW 及以上火电机组容量占比逐年提高，大容量、高参数火电机组具有更高效的发电效率和更清洁的排放水平，其比重提高有利于促进火电行业提升节能减排水平。

2010—2018 年不同容量等级火电机组容量比重情况见图 1-7。

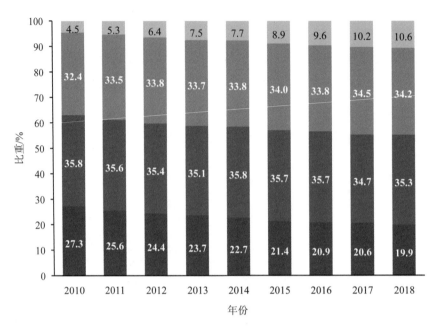

图 1-7　2010—2018 年不同容量等级火电机组容量比重情况

1.2.2　非化石能源发电

2018 年，新增非化石能源发电装机容量 8 647 万 kW，占全国新增发电装机容量的 67.6%。其中，风电、太阳能发电等新能源发电新增装机容量 6 652 万 kW，占全国新增容量的 52.0%。

截至 2018 年年底，全国非化石能源发电装机 77 551 万 kW，占全国总装机容量的 40.8%，比 2017 年提高 2.1 个百分点。2018 年，非化石能源发电量 21 634 亿 kW·h，同比增长 11.4%，占全口径发电量的 30.9%，比 2017 年提高 0.8 个百分点。

2010—2018 年全国非化石能源发电装机容量及比重情况、发电量及比重情况分别见图 1-8 和图 1-9。

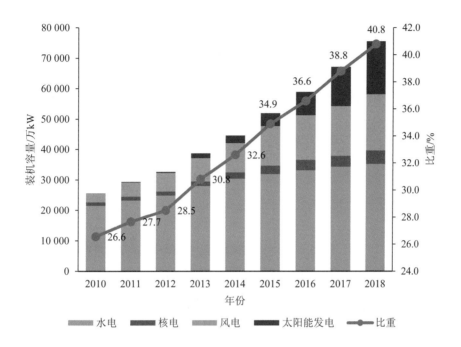

图 1-8 2010—2018 年非化石能源发电装机容量及比重情况

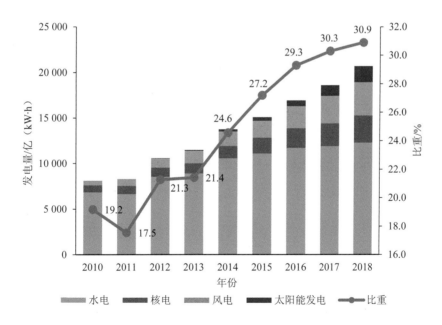

图 1-9 2010—2018 年非化石能源发电量及比重情况

1.3 电网规模

截至 2018 年年底，全国电网 35 kV 及以上输电线路回路长度约 189 万 km，比 2017 年增长 3.7%，其中 220 kV 及以上输电线路回路长度约 73 万 km，比 2017 年增长 5.8%。全国电网 35 kV 及以上变电设备容量约 70 亿 kVA，比 2017 年增长 5.4%，其中 220 kV 及以上变电设备容量 43 亿 kVA，比 2017 年增长 6.0%。

2018 年年底全国 35 kV 及以上输电线路回路长度及变电设备容量见表 1-1。

表 1-1 2018 年年底全国 35 kV 及以上输电线路回路长度及变电设备容量

电压等级	输电线路回路长度		变电设备容量	
	长度/万 km	增长率/%	容量/亿 kVA	增长率/%
35 kV 及以上各电压等级合计	189.2	3.7	69.9	5.4
220 kV 及以上电压等级合计	73.3	5.8	42.7	6.0
其中 1 000 kV	1.1	12.2	1.5	6.5
±52 kV	2.3	9.2	1.8	2.8
750 kV	2.1	10.1	1.7	20.0
500 kV	20.2	8.0	13.5	7.4
其中：±500 kV	1.5	11.6	1.4	4.6
330 kV	3.0	1.0	1.3	0.2
220 kV	43.4	4.6	21.3	4.8

2 煤电清洁发展情况

2018 年，电力行业严格落实国家环保、节能、低碳等各项法规政策要求，电力污染物排放、节能降耗、综合利用等主要指标持续优化，为促进国家生态文明建设和改善全国生态环境做出贡献。

2.1 大气污染物排放及控制

2.1.1 烟尘

根据中电联统计分析[①]，2018年，全国电力行业烟尘排放量约21万t，同比下降约19.2%；单位火电发电量烟尘排放量约0.04 g/(kW·h)，同比下降0.02 g/(kW·h)。

2001—2018 年电力行业烟尘排放情况见图 2-1。

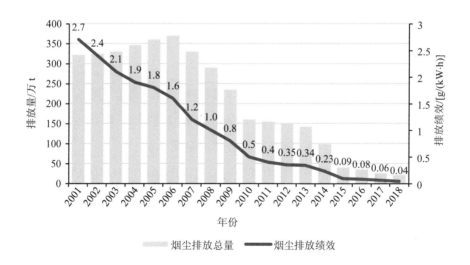

图 2-1 2001—2018 年电力行业烟尘排放情况

---

① 烟尘排放量来源于电力行业统计分析，统计范围为全国装机容量 6 000 kW 及以上火电厂。

截至 2018 年年底，安装袋式或电袋复合式除尘器机组容量约 3.44 亿 kW，占全国煤电机组容量约 34.0%。其中，袋式除尘器机组容量约 8 700 万 kW，占比约 8.6%；电袋复合式除尘器机组容量约 2.57 亿 kW，占比约 25.4%。与此同时，湿式电除尘器、低（低）温电除尘器等电除尘新技术得到进一步应用。

2018 年火电厂不同除尘器类型占比情况见图 2-2。

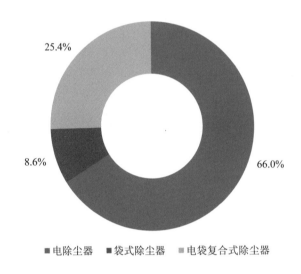

25.4%

8.6%

66.0%

■ 电除尘器　■ 袋式除尘器　■ 电袋复合式除尘器

图 2-2　2018 年火电厂不同除尘器类型占比情况

2.1.2　二氧化硫

2018 年，全国电力行业二氧化硫排放量约 99 万 t，同比下降约 17.5%；单位火电发电量二氧化硫排放量约 0.20 g/（kW·h），比 2017 年下降 0.06 g/（kW·h）。

2001—2018 年电力行业二氧化硫排放情况见图 2-3。

截至 2018 年年底，已投运煤电烟气脱硫机组容量超过 9.6 亿 kW，占全国煤电机组容量的 95.9%；其余机组采用燃烧中脱硫技术的循环流化床锅炉。2018 年，纳入火电厂环保产业登记的在运火电厂烟气脱硫特许经营的机组容量超过 1.02 亿 kW，在运火电厂烟气脱硫委托运营的机组容量超过 6 960 万 kW。

2005—2018 年全国烟气脱硫机组投运情况见图 2-4。

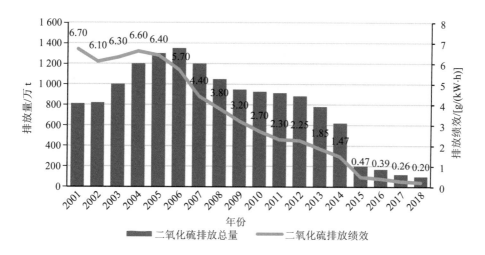

图 2-3　2001—2018 年电力行业二氧化硫排放情况

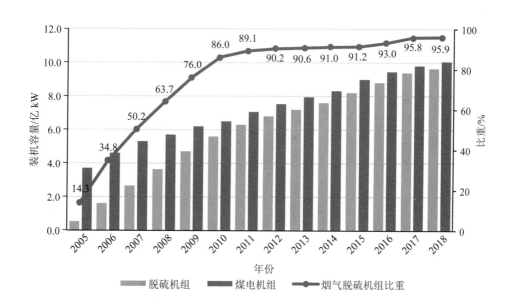

图 2-4　2005—2018 年全国烟气脱硫机组投运容量及占煤电机组容量比重

2.1.3　氮氧化物

2018 年，全国电力行业氮氧化物排放量约 96 万 t，同比下降约 15.8%；单位火电发电量氮氧化物排放量约 0.19 g/（kW·h），比 2017 年下降 0.06 g/（kW·h）。

2005—2018 年电力行业氮氧化物排放量及排放绩效情况见图 2-5。

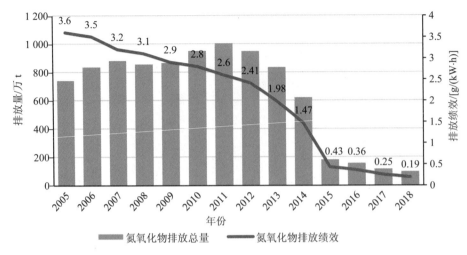

图 2-5　2005—2018 年电力行业氮氧化物排放量及排放绩效情况

截至 2018 年年底，已投运火电厂烟气脱硝机组容量超过 10.6 亿 kW，占全国火电机组容量的 92.6%。2018 年，纳入火电厂环保产业登记的在运火电厂烟气脱硝特许经营的机组容量超过 6 787 万 kW，在运火电厂烟气脱硝委托运营的机组容量超过 2 090 万 kW。

2005—2018 年全国烟气脱硝机组投运容量及占火电机组容量比重情况见图 2-6。

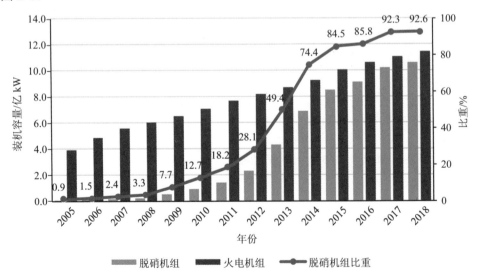

图 2-6　2005—2018 年全国烟气脱硝机组投运容量及占火电机组容量比重情况

2.2　节能降耗与综合利用

2.2.1　节能降耗

1）供电煤耗

根据中电联统计，2018 年，全国 6 000 kW 及以上火电厂供电标准煤耗 307.6 g/（kW·h），比 2017 年降低 1.8 g/（kW·h）。

2001—2018 年全国 6 000 kW 及以上火电厂供电标准煤耗见图 2-7。

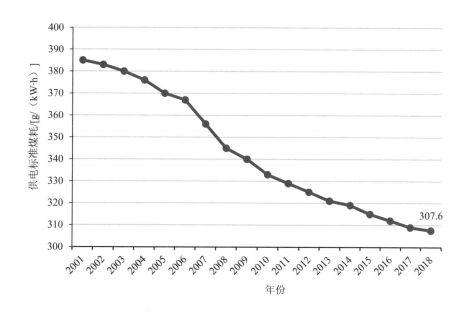

图 2-7　2001—2018 年全国 6 000 kW 及以上火电厂供电标准煤耗

2）厂用电率

根据中电联统计，2018 年，全国 6 000 kW 及以上发电厂厂用电率为 4.69%，同比下降 0.11 个百分点。其中，水电厂占比 0.25%，比 2017 年降低 0.02 个百分点；火电厂占比 5.95%，比 2017 年降低 0.09 个百分点。

2001—2018 年全国 6 000 kW 及以上发电厂厂用电率见图 2-8。

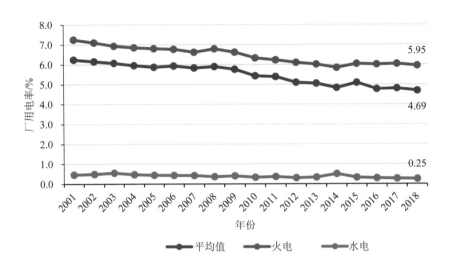

图 2-8 2001—2018 年全国 6 000 kW 及以上发电厂厂用电率

3）线损率

根据中电联统计，2018 年，全国线损率为 6.27%，同比下降 0.21 个百分点。
2001—2018 年全国线损率变化情况见图 2-9。

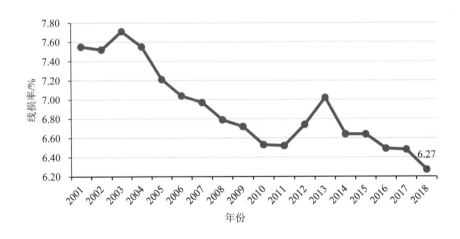

图 2-9 2001—2018 年全国线损率变化情况

2.2.2 固体废物综合利用

根据中电联统计分析，2018 年，全国火电厂粉煤灰产生量为 5.5 亿 t，比 2017

年增加 0.4 亿 t；综合利用量 3.9 亿 t，比 2017 年增加 0.2 亿 t；全国火电厂粉煤灰
综合利用率为 71%，比 2017 年降低 1 个百分点。全国火电厂脱硫石膏产生量 8 150
万 t，比 2017 年增加 600 万 t；综合利用量 6 050 万 t，比 2017 年增加 350 万 t；
全国火电厂脱硫石膏综合利用率为 74%，比 2017 年降低 1 个百分点。

2000—2018 年全国火电厂粉煤灰产生与利用情况见图 2-10，2000—2018 年全
国火电厂脱硫石膏产生与利用情况见图 2-11。

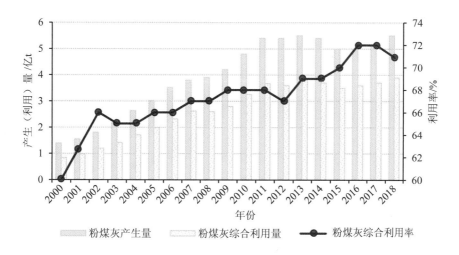

图 2-10　2000—2018 年全国火电厂粉煤灰产生与利用情况

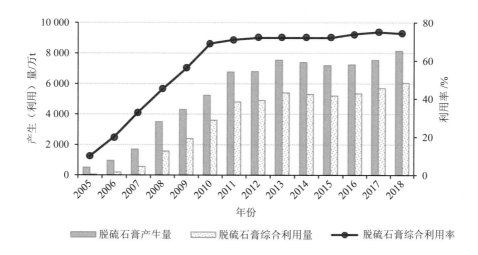

图 2-11　2005—2018 年全国火电厂脱硫石膏产生与利用情况

2.2.3 废水治理

根据中电联统计分析，2018 年，单位火电发电量废水排放量为 0.06 kg/（kW·h），与 2017 年持平。

2001—2018 年全国火电厂单位发电量废水排放量见图 2-12。

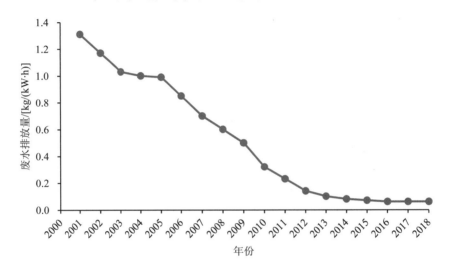

图 2-12　2001—2018 年全国火电厂单位发电量废水排放量情况

2.3　温室气体排放与控制

根据中电联统计分析，2018 年，全国单位火电发电量二氧化碳排放量约为 841 g/（kW·h），比 2005 年下降 19.4%；单位发电量二氧化碳排放量约为 592 g/（kW·h），比 2005 年下降 30.1%。以 2005 年为基准年，2006—2018 年，通过发展非化石能源、降低供电煤耗和线损率等措施，电力行业累计减少二氧化碳排放量约 137 亿 t，有效减缓了电力二氧化碳排放总量的增长。其中，供电煤耗降低对电力行业二氧化碳减排贡献率为 44%，非化石能源发展贡献率为 54%。

2005—2018 年电力行业二氧化碳排放强度见图 2-13，2006—2018 年各种措施减少二氧化碳排放量（以 2005 年为基准年）见图 2-14。

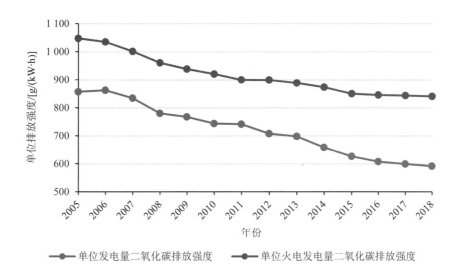

图 2-13　2005—2018 年电力行业二氧化碳排放强度

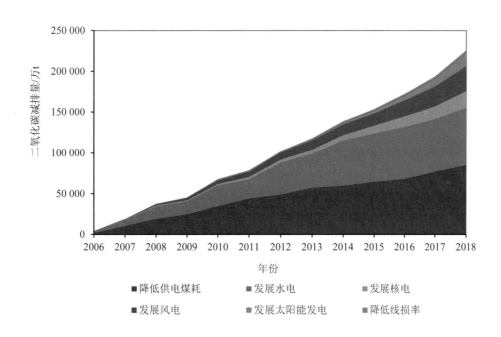

图 2-14　2006—2018 年各种措施减少二氧化碳排放量（以 2005 年为基准年）

3 新出台的重要相关法规政策

3.1 法律

2018 年 12 月 29 日，第十三届全国人民代表大会常务委员会第七次会议通过了《全国人民代表大会常务委员会关于修改〈中华人民共和国电力法〉等四部法律的决定》。其中，《中华人民共和国电力法》第二十五条第三款修正为："供电营业区的设立、变更，由供电企业提出申请，电力管理部门依据职责和管理权限，会同同级有关部门审查批准后，发给《电力业务许可证》。供电营业区设立、变更的具体办法，由国务院电力管理部门制定"。

2018 年 12 月 29 日，第十三届全国人民代表大会常务委员会第七次会议通过了《全国人民代表大会常务委员会关于修改〈中华人民共和国劳动法〉等七部法律的决定》。其中，将《中华人民共和国环境影响评价法》第十九条修正为："建设单位可以委托技术单位对其建设项目开展环境影响评价，编制建设项目环境影响报告书、环境影响报告表；建设单位具备环境影响评价技术能力的，可以自行对其建设项目开展环境影响评价，编制建设项目环境影响报告书、环境影响报告表。编制建设项目环境影响报告书、环境影响报告表应当遵守国家有关环境影响评价标准、技术规范等规定。国务院生态环境主管部门应当制定建设项目环境影响报告书、环境影响报告表编制的能力建设指南和监管办法。接受委托为建设单位编制建设项目环境影响报告书、环境影响报告表的技术单位，不得与负责审批建设项目环境影响报告书、环境影响报告表的生态环境主管部门或者其他有关审批部门存在任何利益关系"。

同时，将《中华人民共和国环境噪声污染防治法》第十四条修正为："建设项目的环境噪声污染防治设施必须与主体工程同时设计、同时施工、同时投产使用。

建设项目在投入生产或者使用之前，其环境噪声污染防治设施必须按照国家规定的标准和程序进行验收；达不到国家规定要求的，该建设项目不得投入生产或者使用"。

3.2　中共中央、国务院要求

2019 年 6 月 17 日，中共中央办公厅、国务院办公厅印发《中央生态环境保护督察工作规定》。其中，为了规范生态环境保护督察工作，压实生态环境保护责任，推进生态文明建设，建设美丽中国，根据《中共中央　国务院关于全面加强生态环境保护　坚决打好污染防治攻坚战的意见》《中华人民共和国环境保护法》等要求，成立中央生态环境保护督察工作领导小组，负责组织协调推动中央生态环境保护督察工作。中央生态环境保护督察办公室设在生态环境部，负责中央生态环境保护督察工作领导小组的日常工作，承担中央生态环境保护督察的具体组织实施工作。

2019 年 4 月 14 日，中共中央办公厅、国务院办公厅印发《关于统筹推进自然资源资产产权制度改革的指导意见》。意见明确了"坚持保护优先、集约利用""坚持市场配置、政府监管""坚持物权法定、平等保护""坚持依法改革、试点先行"等基本原则；探索建立政府主导、企业和社会参与、市场化运作、可持续的生态保护补偿机制，对履行自然资源资产保护义务的权利主体给予合理补偿；健全自然保护地内自然资源资产特许经营权等制度，构建以产业生态化和生态产业化为主体的生态经济体系；落实和完善生态环境损害赔偿制度，由责任人承担修复或赔偿责任等内容。

3.3　国际协议和国家要求

2019 年 11 月 6 日，国家主席习近平在北京人民大会堂同法国总统马克龙举行会谈，两国共同发布了《中法生物多样性保护和气候变化北京倡议》（以下简称《倡议》）。《倡议》提出要确保在《联合国气候变化框架公约》原则指导下，包括公平、共同但有区别的责任和各自能力原则，考虑不同国情，全面有效地执行《巴黎协定》，坚持多边主义，为共同应对气候变化的国际合作注入政治动力，共同促进基于相互尊重、公平、正义和互利合作的国际关系；重申坚决支持《巴黎协定》，认为这是一个不可逆转的进程，是在气候问题上采取强有力行动的标尺；强调贸易协定应符合《联合国气候变化框架公约》《巴黎协定》和《2030 年可持续发展议程》的目标。《倡议》呼吁所有国家，并在必要时呼吁地方政府、企业、非政府组织和公民在可持续发展背景下，通报或更新国家自主贡献，确保其较此前更具进步性，体现各自最高的雄心水平，于 2020 年前发布 21 世纪中叶长期温室气体低排放发展战略；利用由中国共同牵头的基于自然的解决方案联盟，利用基于自然的解决方案协调一致地解决生物多样性丧失、减缓和适应气候变化以及土地和生态系统退化问题。认识到基于自然的解决方案，包括支持重要的生态系统服务、生物多样性、获得淡水、改善生计、健康饮食和可持续粮食系统的粮食安全，是实现《联合国气候变化框架公约》和《巴黎协定》目标以及实现可持续发展目标的全球共同努力的重要组成部分；履行发达国家到 2020 年每年提供和筹集 1 000 亿美元用于气候融资的承诺，并到 2025 年设定一个新的、以每年 1 000 亿美元为最低限额的集体量化目标，同时考虑发展中国家的需求和优先事项，在这方面，绿色气候基金发挥着关键作用，是为在发展中国家开展低碳和韧性投资调动更多财政资源的工具之一；敦促公共、国内和国际发展金融机构及其合作网络，如国际发展金融俱乐部（IDFC），根据《联合国气候变化框架公约》《巴黎协定》和《联合国生物多样性公约》的目标，考虑其融资对气候和生物多样性的积极和消极影响。在国家和国际层面，从所有公共和私人来源调动额外资源，用于适应和减缓气候变化，使资金流动符合实现温室气体低排放和气候韧性发展的路径，并用于生物多样性的养护和可持续利用、海洋养护、土地退化等；确保国际融资，特别是在基础设施领域的融资与可持续发展目标和《巴黎协定》相符。

2019 年 4 月 9 日，发布了《国务院关于落实〈政府工作报告〉重点工作部门分工的意见》（国发〔2019〕8 号）。意见明确生态环境进一步改善，单位国内生产总值能耗下降 3%左右，主要污染物排放量继续下降等总体要求和主要预期目标；提出持续推进污染防治等重点任务，包括巩固扩大蓝天保卫战成果，2019 年二氧化硫、氮氧化物排放量要下降 3%，重点地区细颗粒物（$PM_{2.5}$）浓度继续下降；持续开展京津冀及周边、长三角、汾渭平原大气污染治理攻坚，加强工业、燃煤、机动车三大污染源治理；强化水、土壤污染防治，化学需氧量、氨氮排放量要下降 2%；加快治理黑臭水体，防治农业面源污染，推进重点流域和近岸海域综合整治；加强固体废弃物和城市垃圾分类处置，促进减量化、资源化、无害化。加强污染防治重大科技攻关。同时，提出壮大绿色环保产业相关要求，包括加快火电、钢铁行业超低排放改造，实施重污染行业达标排放改造等。

2019 年 3 月 5 日，李克强总理在第十三届全国人民代表大会第二次会议上做《政府工作报告》。报告提出持续推进污染防治：持续开展京津冀及周边、长三角、汾渭平原大气污染治理攻坚，加强工业、燃煤、机动车三大污染源治理；做好北方地区清洁取暖工作，确保群众温暖过冬；强化水、土壤污染防治；加快治理黑臭水体，防治农业面源污染，推进重点流域和近岸海域综合整治；加强固体废弃物和城市垃圾分类处置，促进减量化、资源化、无害化；加强污染防治重大科技攻关；企业作为污染防治主体，必须依法履行环保责任；改革创新环境治理方式，对企业既依法依规监管，又重视合理诉求、加强帮扶指导，对需要达标整改的给予合理过渡期，避免处置措施简单粗暴、一关了之等。此外，还提出壮大绿色环保产业，坚持源头治理，加快火电、钢铁行业超低排放改造，实施重污染行业达标排放改造。调整优化能源结构，推进煤炭清洁化利用，健全天然气产供储销体系。大力发展可再生能源，加快解决风、光、水电消纳问题。加大城市污水管网和处理设施建设力度。促进资源节约集约和循环利用，推广绿色建筑、绿色快递包装。改革完善环境经济政策，健全排污权交易制度，加快发展绿色金融，培育一批专业化环保骨干企业，提升绿色发展能力。

3.4 部门规章

2019 年 5 月 21 日，生态环境部印发《关于进一步规范适用环境行政处罚自由裁量权的指导意见》（环执法〔2019〕42 号）。指标意见明确了合法原则、合理原则、过罚相当原则、公开公平公正原则等基本原则；明确了制定主体，即省级生态环境部门应当根据本意见提供的制定方法，结合本地区法规和规章，制定本地区行政处罚自由裁量规则和基准；同时规定制定裁量规则和基准应当坚持合法、科学、公正、合理的原则，结合污染防治攻坚战的要求，充分考虑违法行为的特点，按照宽严相济的思路，突出对严重违法行为的惩处力度和对其他违法行为的震慑作用，鼓励和引导企业即时改正轻微违法行为，促进企业环境守法。制定裁量规则和基准应当将主观标准与客观标准相结合，在法律、法规和规章规定的处罚种类、幅度内，细化裁量标准，压缩裁量空间，为严格执法、公正执法、精准执法提供有力支撑。

2019 年 4 月 15 日，《国家发展改革委、水利部关于印发〈国家节水行动方案〉的通知》（发改环资规〔2019〕695 号）。方案提出推动高耗水行业节水增效；实施节水管理和改造升级，采用差别水价以及树立节水标杆等措施，促进高耗水企业加强废水深度处理和达标再利用；严格落实主体功能区规划，在生态脆弱、严重缺水和地下水超采地区，严格控制高耗水新建、改建、扩建项目，推进高耗水企业向水资源条件允许的工业园区集中。对采用列入淘汰目录工艺、技术和装备的项目，不予批准取水许可；未按期淘汰的，有关部门和地方政府要依法严格查处。到 2022 年，在火力发电、钢铁、纺织、造纸、石化和化工、食品和发酵等高耗水行业建成一批节水型企业。

2019 年 4 月 4 日，国家发展改革委办公厅、市场监管总局办公厅发布《关于加快推进重点用能单位能耗在线监测系统建设的通知》（发改办环资〔2019〕424 号）。通知要求加快推进系统建设，各地区要按照 2020 年年底前接入本地区重点用能单位能耗监测数据的目标倒排工作计划；确保 2020 年年底前，完成本地区全部重点用能单位的接入端系统建设，并实现数据每日上传。规定上传的数据应包括重点用能单位消耗的石油、煤炭、电力、天然气、热力等主要能源品种的数据，个别不具备条件的重点用能单位，经省级相关主管部门同意后，在 2020 年年底前确保实现用电数据的在线监测和数据上传的情况下，可逐步接入其他能源品种数据。鼓励重点用能单位本着集约建设、互联互通的原则，开展覆盖全部资源消耗的综合监测管控系统建设，最大程度整合已有信息化管理系统或控制系统，为本单位节能挖潜、降本增效提供支撑。各地区应加强能耗在线监测系统数据的分析和应用，切实发挥系统作用。

2019 年 2 月 28 日，生态环境部办公厅印发《2019 年全国大气污染防治工作要点》的通知（环办大气〔2019〕16 号）。通知明确了全面完成大气环境目标，即 2019 年，全国未达标城市细颗粒物（$PM_{2.5}$）年均浓度同比下降 2%，地级及以上城市平均优良天数比率达到 79.4%；全国二氧化硫、氮氧化物排放总量同比削减 3%。提出加大落后产能淘汰和过剩产能压减力度，积极配合有关部门，稳步推进化解钢铁、煤炭过剩产能，积极稳妥化解煤电过剩产能；重点区域完成"散乱污"企业及集群综合整治；深入开展工业企业提标改造，推进西部地区 30 万 kW 及以上燃煤发电机组实施超低排放改造；推进钢铁企业实施超低排放改造。制定实施工业炉窑治理专项行动方案，指导各地建立管理清单，实施分类治理等。

2019 年 1 月 21 日，生态环境部发布《关于取消建设项目环境影响评价资质行政许可事项后续相关工作要求的公告（暂行）》（公告 2019 年 第 2 号）。公告规定自本公告发布之日起，《建设项目环境影响评价资质管理办法》（环境保护部令 第 36 号）停止执行；《关于发布〈建设项目环境影响评价资质管理办法〉配套文件的公告》（环境保护部公告 2015 年 第 67 号）即行废止。自 2018 年 12 月 29 日起，不再受理建设项目环境影响评价资质申请，已受理但尚未完成审查的申请事项不再继续审查；环境影响评价工程师从业情况信息管理系统不再接收申报材料，已接收申报材料但尚未核发登记编号的，不再核发。建设单位可以委托技术单位为其编制环境影响报告书（表）；建设单位具备相应技术能力的，也可自行编制环境影响报告书（表）。编制单位应当为独立法人，并具备统一社会信用代码；接受委托为建设单位编制环境影响报告书（表）的技术单位暂应为依法经登记的企业法人或核工业、航空和航天行业的事业单位法人。

2018 年 10 月 30 日，《国家发展改革委、国家能源局印发〈清洁能源消纳行动计划（2018—2020 年）〉的通知》（发改能源规〔2018〕1575 号）。通知明确工作目标为 2018 年，清洁能源消纳取得显著成效；到 2020 年，基本解决清洁能源消纳问题。具体指标：2018 年，确保全国平均风电利用率高于 88%（力争达到 90% 以上），弃风率低于 12%（力争控制在 10% 以内）；光伏发电利用率高于 95%，弃光率低于 5%，确保弃风、弃光电量比 2017 年进一步下降。全国水能利用率 95% 以上。全国大部分核电实现安全保障性消纳。2019 年，确保全国平均风电利用率高于 90%（力争达到 92% 左右），弃风率低于 10%（力争控制在 8% 左右）；光伏发电利用率高于 95%，弃光率低于 5%。全国水能利用率 95% 以上。全国核电基本实现安全保障性消纳。2020 年，确保全国平均风电利用率达到国际先进水平（力争达到 95% 左右），弃风率控制在合理水平（力争控制在 5% 左右）；光伏发电利用率高于 95%，弃光率低于 5%。全国水能利用率 95% 以上。全国核电实现安全保障性消纳。2018 年，清洁能源年替代自备电厂发电量力争超过 100 亿 kW·h；到 2020 年，替代电量力争超过 500 亿 kW·h。在 2020 年年底前，主要跨省区输电通道中可再生能源电量比例力争达到平均 30% 以上。2019 年和 2021 年实现北方地区清洁取暖率分别达到 50% 和 70%。

3.5 技术标准与规范

2018 年 4 月 8 日，生态环境部发布了《燃煤电厂超低排放烟气治理工程技术规范》（HJ 2053—2018）国家环境保护标准，本标准规定了燃煤电厂超低排放烟气治理工程的术语和定义、污染物与污染负荷、总体要求、工艺设计、主要工艺设备和材料、检测与过程控制、主要辅助工程、劳动安全与职业卫生、工程施工与验收、运行与维护等相关要求。本标准适用于 100 MW 及以上燃煤发电机组（含热电）配套锅炉（不含 W 火焰炉）的超低排放烟气治理工程，可作为燃煤电厂新建、改建、扩建工程环境影响评价，环境保护设施设计、施工、调试、验收和运行管理以及环境监理、排污许可审批的技术依据。

2018 年 7 月 31 日，生态环境部发布《排污许可证申请与核发技术规范　锅炉》（HJ 953—2018）国家环境保护标准，适用于执行 GB 13271 的锅炉排污单位填报《排污许可证申请表》及在我国排污许可证管理信息平台填报相关申请信息，适用于指导核发机关审核确定锅炉排污单位排污许可证许可要求。对于执行 GB 13223 的锅炉（单台出台 65 t/h 以上蒸汽仅用于供热且不发电的锅炉），参照《火电行业排污许可证申请与核发技术规范》执行。标准也适用于锅炉排污单位排放的大气污染物和水污染物的排污许可管理。

2018 年 8 月 13 日，生态环境部发布《关于发布〈环境空气质量标准〉（GB 3095—2012）修改单的公告》（2018 年第 29 号）。其中，将"标准状态 standard state 指温度为 273 K，压力为 101.325 kPa 时的状态。标准中的污染物浓度均为标准状态下的浓度"修改为："参比状态 reference state 指大气温度为 298.15 K，大气压力为 1 013.25 hPa 时的状态。本标准中的二氧化硫、二氧化氮、一氧化碳、臭氧、氮氧化物等气态污染物浓度为参比状态下的浓度。颗粒物（粒径小于等于 10 μm）、颗粒物（粒径小于等于 2.5 μm）、总悬浮颗粒物及其组分铅、苯并[a]芘等浓度为监测时大气温度和压力下的浓度"该标准修改单自 2018 年 9 月 1 日起实施。

2018 年 12 月 19 日，生态环境部发布《国家大气污染物排放标准制订技术导则》（HJ 945.1—2018）和《国家水污染物排放标准制订技术导则》（HJ 945.2—2018）两项国家环境保护标准，适用于固定污染源国家大气污染物排放标准和行业性国家水污染物排放标准的制（修）订。固定污染源地方大气污染物排放标准的制（修）订和行业性国家水污染物排放标准的制（修）订可参考本标准进行。其中，大气污染物排放控制要求主要包括污染物项目、控制指标、排放限值、监控位置、基准氧含量、单位产品基准排气量、执行时间等，也可规定实施标准的技术和管理措施。排放控制要求均应能通过技术或管理手段核查和确认。

Part 2

第二部分

中国低碳电力发展现状及
约束性因素

4　中国低碳电力发展指标分析

4.1　低碳电力发展内涵

能源利用方式和程度是人类文明得以产生和发展的驱动力和标志。人类社会从原始文明、农业文明、工业文明到正在进入的生态文明，基本是以能源利用方式的变革为标志的。薪柴的使用开启了原始文明，并使人类在火的引导下进入农业文明。18 世纪，蒸汽机的发明与利用引发了工业革命，在化石燃料的大量使用下，生产力得到快速发展。19 世纪，电能的使用极大地促进了社会经济和人类文明的发展，人类社会进入了一个以全球化为标志的发展新阶段，开创了以电为标志的工业文明新时代。21 世纪，在对农业文明、工业文明的继承和创新的基础上，以可再生能源的电能化快速发展为特征的能源革命兴起，标志着生态文明时代的到来。

随着社会的进步、科学技术的突破、自然环境的变化，以及人们对物质、精神需求的不断提高，能源的发展与经济、环境的关系越来越密切。从经济方面来看，区域经济变化会造成更大范围的影响，甚至影响全球经济的变化，不仅是经济数量的变化，而更应是关注其引起的包括安全、稳定等要素在内的质量的提高；从环境方面来看，由传统的污染物排放引起的环境问题，向生态保护、应对气候变化以及更加舒适的环境要求（不仅仅是健康的基本需求）方面不断拓展。这些变化，使能源、经济、环境之间的关系越来越复杂。

低碳电力发展的目标包含三个方面，即安全、绿色和经济。

（1）安全。能源安全作为国民经济和社会发展的基础，是关系社会发展的全局性、战略性问题。其内涵应包括能源独立、安全可靠、稳定供应。对于以和平发展为国策的中国来说，能源独立的要求或将成为硬约束，因此，中国在未来的发展中需要一个以能源基本独立为核心并广泛加强国际能源合作、可进可退的能源系统作为国家发展的坚实基础。

（2）绿色。环境保护是中国的基本国策，需树立和践行"绿水青山就是金山银山"的生态文明发展理念，治理污染、保护环境、缓解生态压力以及关注新形势下应对全球气候变化、能源清洁生产水平、污染物排放情况、温室气体排放情况、生态影响程度等都是低碳电力发展的重要方面。

（3）经济。能源在开发、利用、生产和消费等各环节中应相对低成本发展，即利用先进的技术和合理的手段开发、生产能源，利用有效管理和理性消费使用能源，提高能源综合利用效率，减少能源资源消耗。

在当代社会，安全、绿色与经济任何一方的问题已经不能脱离其他两个方面单独存在。安全、绿色与经济的协调平衡是低碳电力发展研究的目的，也是设置低碳电力发展指标的理论基础。

4.2　中国低碳电力发展及约束性因素

4.2.1　低碳电力发展措施

1）结构减排

结构减排有两方面的含义。一方面，从能源消费结构的角度，结构减排是通过提高可再生能源、核能等非化石能源在电源结构中的比重，逐渐替代火电等高碳电源，优化电力结构，降低碳排放；另一方面，大力发展清洁煤电技术，通过建设高参数、大容量机组，提高燃煤发电机组效率，降低单位发电量的化石燃料用量（供电煤耗），从而降低电能的碳排放强度。

（1）调整发电结构

中国电源结构主要由火力发电、水力发电、核能发电、风力发电、太阳能发电等构成，通过结构调整，降低化石能源发电比重，提高非化石能源发电比重，从而降低碳排放强度。大力发展非化石能源发电还可减少化石能源的消耗，降低多种污染物的排放，起到污染物治理的协同作用。经过多年发展，中国非化石能源发电（特别是风电和太阳能发电）装机容量不断增长，技术水平有了长足进步，装备制造能力大幅度提高。虽然风电和太阳能发电存在能量密度低、间歇性出力、成本高等问题，但随着制造、材料与智能电网等技术的发展，这些问题可以逐渐得到缓解或解决。

根据中电联统计，2018年非化石能源发电新增装机容量8 647万kW，占我国新增装机容量的67.6%（其中，风电和太阳能发电等新能源发电新增装机容量6 652万kW，占我国新增装机容量的52.0%）；火电新增装机容量4 380万kW（其中，燃煤发电新增装机容量3 056万kW，比2017年少投产448万kW，投产规模持续下降）。

（2）发展清洁煤电技术

采用先进电力技术提高发电能效，降低二氧化碳排放强度是发展清洁煤电技术的途径之一，其包括热电（冷）三联供技术、整体煤气化联合循环技术、高效燃煤发电技术、高效天然气发电技术等。低碳电力技术主要通过提高发电能效降低单位发电量煤耗，间接降低单位发电量碳排放强度。

超超临界燃煤发电技术。超临界和超超临界是以锅炉内工质（水）的压力温度为标准划分的，水的临界压力是22.115 MPa，临界温度是374.15℃，在这个压力和温度时，水和蒸汽的密度相同。炉内工质压力低于这个压力就叫亚临界锅炉，大于这个压力就是超临界锅炉，通常炉内蒸汽温度不低于593℃或蒸汽压力不低于31 MPa被称为超超临界锅炉。燃煤电厂采用超临界或超超临界蒸汽参数的热力循环，可以实现更高的热效率，产出同样的电力，比传统燃煤电厂消耗的燃煤量少，排放的二氧化碳和污染物也相应减少。因此，超临界、超超临界火电机组具有显著的节能减排效果。

不同煤电机组类型二氧化碳排放系数情况见表4-1。

表4-1　不同煤电机组类型二氧化碳排放系数[①]

机组类型	单机容量/ 万kW	发电煤耗/ [g/（kW·h）]	二氧化碳排放系数/ [g/（kW·h）]
亚临界	30	319.9	889.3
超临界	60	300.6～301.6	835.7～838.4
超超临界（一次再热）	100	283.2～284.7	787.3～791.5
超超临界（二次再热）	100	267.7	744.2

[①] 碳排放系数依据联合国政府间气候变化专门委员会（IPCC）不同煤种的默认净热值及碳含量取值计算。

整体煤气化联合循环发电技术（IGCC）。整体煤气化联合循环发电技术是将煤气化与联合循环发电相结合的一种洁净煤发电技术。IGCC 系统主要由煤的气化与净化部分以及燃气-蒸汽联合循环发电部分组成。煤的气化与净化部分包括的主要设备有气化炉、空分炉、煤气净化装置、硫回收装置等；燃气-蒸汽联合循环发电部分包括的主要设备有燃气轮机发电系统、余热锅炉、蒸汽轮机发电系统。

2）工程减排

通过二氧化碳捕集与封存技术（Carbon Capture and Storage，CCS）减少碳排放属于工程减排。CCS 技术是通过碳捕集技术，将工业和有关能源产业所生产的二氧化碳分离出来，再通过碳封存手段，将其输送并封存到海底或地下等长期与大气隔绝的地方。常见封存方式有地质封存（石油和天然气田、煤田、盐碱含水层）、海洋封存。碳捕集利用与封存（CCUS）技术是 CCS 技术新的发展趋势，即把生产过程中排放的二氧化碳进行提纯，继而投入到新的生产过程中，可以循环再利用，而不是简单地封存。与 CCS 技术相比，可以将二氧化碳资源化，能产生经济效益。

CCS 技术包括二氧化碳的捕集、运输和封存等环节，其中二氧化碳捕集主要有燃烧前捕集、燃烧后捕集及富氧燃烧捕集三种技术路线。采用二氧化碳捕集与封存技术可以减少电厂二氧化碳排放的 80%～95%，理论减排潜力巨大。但由于二氧化碳化学性质稳定、需回收的量很大，且电力生产过程中二氧化碳一般已被氮气稀释，二氧化碳浓度低（一般在 15%以下），使待分离气体的流量很大。量大、浓度低、化学性质稳定等特点使二氧化碳捕集往往伴随着巨大的能耗，导致能源利用系统的效率大幅下降。例如，在目前的技术水平下，若超超临界机组捕集烟气中 90%的二氧化碳，其系统净效率将由 41%～45%大幅下降至 30%～35%，效率降低 10 个百分点以上。

二氧化碳的捕集、驱油与封存是现阶段规模化二氧化碳利用与封存的重点技术。目前中国油田基本进入二次采油中后期，新增勘探储量多数为难动用和非常规储量，利用二氧化碳驱油是中国重要的研究方向。

3）管理减排

管理减排是通过管理措施提高能源转化效率以降低对能源的需求，从而在生产相同电能的同时减少化石燃料的消耗与二氧化碳排放，是一种成本低、综合效果好的"一举多得"的减排方式。

尽管节能与减排在实现目标上并非完全一致,但由于中国的电源结构以火电为主,通过实施节能发电调度、燃料运输和储存过程管理、电力生产和电力传输过程的优化管理等措施,同样有利于从整体上减少电力行业温室气体排放;电力生产中节能通常以提高发电效率为目标,主要体现在对现役机组的优化运行和对现役机组以节能为目标的技术改造等方面。此外,碳排放权交易市场也属于管理减排措施之一。

4.2.2 低碳电力发展情况

1)电力工业与低碳发展

由于电力的使用不仅提高了能源的利用效率,而且使以往不能大量用于经济社会发展的能源,如风能、太阳能等可再生能源得以利用,电力还成为了信息系统和一些新兴产业不可替代的能源形式。电力增长速度高于一次能源增长速度,这从发电用能源占一次能源消费的比重和电能占终端能源消费比重的持续增长中得到了充分反映。

从电力的作用来看,电力工业是能源生产和转换行业,是国民经济的基础产业,也是资源密集型产业。从可持续发展的理论和大量实践的结果来看,电能作为一种最清洁的二次能源,在促进能源、经济和环境之间的平衡中起着关键作用;一次能源转换为电能的比重和电能占终端能源消费的比重已成为衡量一个国家经济发展水平、能源使用效率,乃至整个经济效率、环境保护、人民物质文明和精神文明状况的重要综合性标志。因此,电力工业在能源发展中,具有基础性、关键性、长期性的地位和作用。

从电力的特性来看,电力是方便、高效、优质的能源使用形态。电能可方便地转化为光能、热能和机械能等,易于精确控制,能够方便地实现分散、定时、定量、定点使用。电能在终端设备中的使用效率,明显高于其他能源。水能、风能、核能等非化石能源只有转化为电能,才能大规模利用。因此,可再生能源、新能源转化为电能使用也是必然的趋势,但短期内,中国可再生能源无法取代煤炭在能源中的基础地位。

从对电力发展的约束性角度来看,温室气体排放控制要求构成了对煤电发展的硬约束。当中国温室气体的减排目标由相对量的减排过渡到相对量减排与绝对量减排并存的状况时，对煤电发展形成硬约束条件。同时，中国是一个以和平发展为原则的能源与经济大国，对能源基本独立要求将成为硬约束。在未来的发展中需要一个以能源独立为基础、以国际能源广泛合作为补充的战略格局。

能源的电气化和终端能源消费的电气化是历史发展和社会发展的必然趋势，广泛使用电力也是解决中国雾霾问题的重要措施，电力工业发展对中国能源发展起着关键性作用。

专栏　能源划分主要类别

❖ 一次能源与二次能源

一次能源是指自然界中以天然形式存在并没有经过加工或转换的能量资源，如煤炭、石油、天然气、水能等；二次能源是指由一次能源直接或间接转换成其他种类和形式的能量资源，如电力、煤气、蒸汽及各种石油制品等。

❖ 可再生能源与非可再生能源

一次能源又划分为可再生能源和非可再生能源。其中，可再生能源是指可以不断得到补充或能在较短周期内再产生的能源，如风能、水能、海洋能、潮汐能、太阳能和生物质能等，反之，则称为非可再生能源，如煤、石油和天然气等。此外，中国相关法规政策对可再生能源还有不同界定。《中华人民共和国可再生能源法（修正案）》中，可再生能源是指风能、太阳能、水能、生物质能、地热能、海洋能等非化石能源；《中华人民共和国可再生能源法（修正案）》规定，水力发电对本法的适用，由国务院能源主管部门规定，报国务院批准，而通过低效率炉灶直接燃烧方式利用秸秆、薪柴、粪便等，不适用本法。《可再生能源中长期发展规划》中，可再生能源包括水能、生物质能、风能、太阳能、地热能和海洋能等，资源潜力大，环境污染低，可永续利用，是有利于人与自然和谐发展的重要能源。

❖ 化石能源与非化石能源

化石能源是指一种碳氢化合物或其衍生物，其包括的天然资源为煤炭、石油和天然气等。非化石能源是指风能、太阳能、水能、生物质能、地热能、海洋能等可再生能源和核能。

❖ 清洁能源

依据全国科学技术名词审定委员会审定，清洁能源是指在生产和使用过程中不产生有害物质排放的能源，是可再生的、消耗后可得到恢复，或非可再生的及经洁净技术处理过的能源（如洁净煤、油等）。

研究认为，能源类别划分如下图所示。

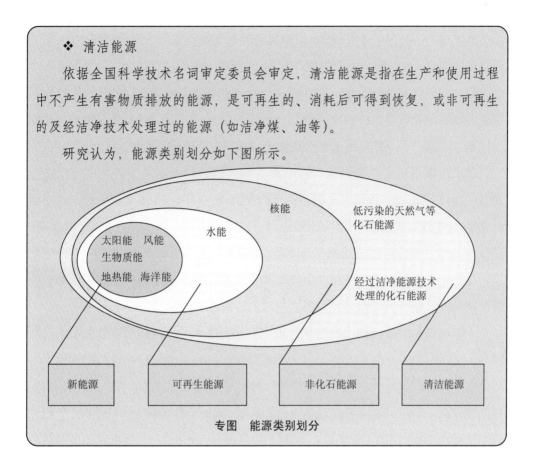

专图 能源类别划分

2）中国煤电的特点

煤炭长期以来是中国能源的基石，是支持经济社会发展的重要基础之一。现代采煤技术、矿区生态保护和恢复技术及煤炭清洁利用技术，可以做到在安全和经济可承受的前提下，将煤炭开采对生态的影响，以及煤炭利用过程中产生的常规污染物控制在环境允许的程度之内。对煤炭利用中产生的二氧化碳排放，现阶段可以通过提高煤炭利用效率来降低排放强度，发展煤电是煤炭的清洁利用的必然选择。在可再生能源最终替代煤炭等化石能源的过程中，CCUS 等技术是使碳排放总量得以降低的技术选择。

未来 20 年，煤电仍将是中国大范围优化配置能源的支撑之一，是支撑清洁能源发展和循环经济发展的重要物质基础。如果没有强有力的煤电作为供电安全性和稳定性的支撑，也就不可能支撑中国清洁低碳发电的大规模应用。

随着《巴黎协定》的签署，除波兰和希腊外，欧盟各国承诺 2020 年以后不再新建燃煤电厂；英国决定在 2025 年前关闭所有煤电设施；法国计划到 2021 年关闭所有燃煤电厂；西班牙电力集团计划到 2020 年完全关闭燃煤电厂；日本第一生命保险、三井住友金融集团、丸红株式会社等多家日本企业及金融机构均宣布，将退出煤炭行业；美国纽约州与俄勒冈州计划 2020 年"弃煤"、康涅狄格州计划 2021 年"弃煤"[①]；澳大利亚表示减碳必须以不伤及经济为前提。

对中国煤电现实情况来说，煤电最大的问题是机组年龄小，大部分机组于 2005—2015 年建设，百万千瓦机组的平均年龄 4~5 年，60 万 kW 机组平均年龄约 7 年，30 万 kW 机组平均年龄约 10 年。相较于美国，其大部分机组在 1968—1982 年建设，百万千瓦机组的平均年龄约 40 年，30 万 kW 机组平均年龄则约 45 年。过去十几年间，中国实施"上大压小"政策，把小的、老的能效很低的机组都已替换掉，现役机组都是年轻的、高效的、清洁化的机组。

中国燃煤电厂的污染控制水平已达到世界先进水平，对环境质量的影响不断减少，由于污染控制装置发挥了巨大的减排作用，在发电量持续增长的情况下，燃煤电厂每年烟尘排放总量从 1980 年的 399 万 t 下降至 2018 年的 21 万 t，烟尘排放绩效由 1980 年的 16.5 g/（kW·h）下降至 2018 年的 0.04 g/（kW·h）；二氧化硫排放量由 2005 年的 1 300 万 t 下降至 2018 年的 99 万 t，二氧化硫排放绩效由 2005 年的 6.4 g/（kW·h）下降至 2018 年的 0.2 g/（kW·h）；氮氧化物排放绩效由 2005 年的 3.6 g/（kW·h）下降至 2018 年的 0.19 g/（kW·h）。

在发电装备技术方面，中国的超超临界常规煤粉发电技术已达到世界先进水平，空冷技术、循环流化床锅炉技术已达到世界领先水平。中国对火电大气污染物排放标准不断趋严，中国燃煤发电量是美国的 2.5 倍左右，但煤电污染物排放量与美国基本持平。

中国用来发电的煤炭仅占 50% 左右，中国的煤炭利用除做燃料以外，还有很大一部分用做原料。而当前最大的问题是，中国还有数亿吨级的散烧煤炭。发达国家在实现工业化时，煤炭散烧问题已基本解决，如美国的煤炭 95% 以上已用于发电。所以未来中国应以控制煤炭的散烧为主。

需要指出的是，随着现役机组技术水平的不断提高，节能减排的潜力空间逐渐缩小，如果电力工业火电装机容量增长很快，虽然节能减排降低了二氧化碳排

---

① 参考资料：《全球"弃煤"进程前景与我国的应对策略》。

放强度，但电力工业总的化石能源消耗量与二氧化碳排放总量仍可能快速增长。因此，严格控制新建燃煤电厂是低碳电力发展的重要措施之一。展望未来，燃煤电厂的发展除了解决电网稳定局部需求、热电联产以及循环经济发展等特定要求，电量增量部分将尽可能由新能源发电承担。

扭转中国能源结构是一项长期复杂的系统工程，不能简单放弃煤炭。虽然随着非化石能源的发展，煤电的主体地位最终将被取代，但煤电在现阶段仍是提供电力电量的主体。

3）可再生能源发展

以风电和太阳能发电为代表的新能源发电是中国能源转型的重要抓手。可再生能源替代传统的化石能源是历史发展的必然，必须加快可再生能源的发展力度，尽可能以可再生能源发电量满足增量电力需求，并以此调整能源电力系统。可再生能源和新能源发展的问题除了技术和经济性问题，主要取决于整个能源系统在整体转型中的协调性（如灵活性电源情况）和在整体优化中的地位和作用。

4.2.3　低碳电力发展约束性因素分析

（1）资源约束和技术约束：①低碳电力发展的前提条件是有可开发利用的资源禀赋，资源情况必然成为约束。②技术条件决定低碳电力发展情况，电力发展依靠并受制于技术，而可行的技术必须是经济可承受的技术。资源和技术约束直接受各种相关法律、法规、规章、文件、标准等影响。

（2）刚性约束和弹性约束。刚性约束主要指难以通过增加合理成本来破除的约束，包括资源贫乏、没有技术或者禁止性命令；弹性约束则是指可以通过提高成本来破除的约束。在宏观调控时，也可以以低碳电力发展强度指标作为约束性指标，如到2030年，碳强度指标下降60%~65%等；把对能源电力发展的规划和方案中的指导性指标作为弹性约束等。刚性约束与弹性约束，在一定条件下是可以转化的，如随着勘测技术和开发技术的提高，通过法律的修改扩大禁止性要求，将弹性约束变为刚性约束；同时，随着经济的发展，经济承受能力不断提高，刚性约束可以转为弹性约束，如采用经济代价更高但可以承受的排放量更低的温室气体控制技术。

（3）短期约束和长期约束。短期约束是指在一个五年规划时期内的约束；长期约束是指中远期的约束，如 2030 年、2050 年等关键节点年份的约束。

4.3　低碳电力发展约束性因素指标化及指标体系

4.3.1　约束性因素指标化

解决低碳电力发展约束性因素问题的过程是一个实现低碳电力发展预定目标的过程，而这个目标就是将"安全、绿色、经济"进一步指标化，并根据时段或发展阶段将指标数量化。

低碳电力发展约束性因素指标设定应具有明确性、可度量性、依法（规）性、可操作性（包括用于评价和监督）和阶段性，同时应该是可以反映事物本质属性的指标。

低碳电力发展约束性因素指标可分为三类，即综合性指标、能源节约性指标和能源结构性指标。例如，燃煤发电机组平均供电煤耗属于能源节约性指标；二氧化碳排放总量达到峰值时间属于综合性指标；非化石能源消费比重属于能源结构性指标。按性质划分，低碳电力发展约束性因素指标可分为强制性和引导性指标。需要指出的是，一些指标是针对所研究的问题而定的，且必须反映事物的本质属性。例如，"燃煤单位发电量二氧化碳排放强度"这个指标，既反映了发电效率的高低，也反映了碳减排效果的好坏，但反映不出电源结构调整的情况；如果这个指标表述中取消了"燃煤"两个字，则"单位发电量二氧化碳排放强度"指标就可以反映出结构调整的情况，因为它包括水电、可再生能源的贡献等。可见，指标的选取与要解决的问题和指标应用的范围有直接关系。

4.3.2　约束性因素指标体系

约束性指标的体系需要根据法规要求及指标在破解约束性因素中的作用来建立。主要约束性因素指标分为一级指标、二级指标和参考指标。一级指标主要是依据国家法规或在能源行业中起关键性作用的指标，可在国家或行业规划中明确，并可用于国家对行业、企业的考核，具有强制性的特点；二级指标也具有明显的行业特点，虽然在国家法规中得不到有力支持或者在操作性方面有一定难度，但是对于政府管理有重要参考作用，对于企业不断提高管理水平也有重要作用，是引导性指标。

低碳电力发展指标体系是指由若干个反映低碳电力发展特征的相对独立又相互联系的统计指标所组成的有机整体。在低碳电力发展研究中，只使用一个指标是不够的，需要同时使用多个相关指标，这些相关又互相独立的指标所构成的统一整体，即为指标体系。

低碳电力发展指标体系应设置约束性指标和预期性指标。低碳电力发展指标体系约束性指标包括二氧化碳排放总量达到峰值时间、单位国内生产总值二氧化碳排放降低程度、非化石能源消费比重；预期性指标包括电能占终端能源消费比重、电煤占煤炭消费量比重等。

5 "十三五"低碳电力发展指标分析

5.1 现行低碳电力发展指标

低碳电力发展指标包含了不同时期出台的法律及政策性文件中相关的电力碳排放强度或排放总量、电力节能与非化石能源替代等方面的目标指标。经过梳理，表 5-1 列出了近年来出台的 15 项与低碳电力发展指标相关的法规及重要政策性文件。

表 5-1　近年来与低碳电力发展指标相关的法规及重要政策文件

序号	名称	文件号	颁布（制定）机关
1	《国家适应气候变化战略》	发改气候〔2013〕2252 号	国家发展改革委等 9 部（委、局）
2	《能源发展战略行动计划（2014—2020年）》	国办发〔2014〕31 号	国务院办公厅
3	《国家应对气候变化规划（2014—2020年）》	国函〔2014〕126 号批复，发改气候〔2014〕2347 号	国务院、国家发展改革委
4	《关于积极应对气候变化的决议》	—	全国人大常委会
5	《中共中央　国务院　关于加快推进生态文明建设的意见》	中发〔2015〕12 号	中共中央、国务院
6	《强化应对气候变化行动——中国国家自主贡献》	—	国务院
7	《中华人民共和国国民经济和社会发展第十三个五年规划（2016—2020 年）规划纲要》	—	中共中央、国务院
8	《"十三五"控制温室气体排放工作方案》	国发〔2016〕61 号	国务院

序号	名称	文件号	颁布（制定）机关
9	《电力发展"十三五"规划》	—	国家发展改革委、国家能源局
10	《"十三五"节能减排综合工作方案》	国发〔2016〕74 号	国务院
11	《能源发展"十三五"规划》	发改能源〔2016〕2744 号	国家发展改革委、国家能源局
12	《能源生产和消费革命战略（2016—2030)》	发改基础〔2016〕2795 号	国家发展改革委、国家能源局
13	《中国应对气候变化国家方案》	国发〔2007〕17 号	国务院
14	《全国碳排放权交易市场建设方案（发电行业)》	发改气候规〔2017〕2191 号	国家发展改革委
15	《中华人民共和国可再生能源法（修正本)》	主席令第 23 号	全国人大常委会

"十三五"时期低碳电力发展相关的主要约束性指标和重要预期性指标的目标值及依据性文件列于表 5-2。

表 5-2　"十三五"时期低碳电力发展主要目标值及政策文件

分类	指标名称	2020 年目标	主要来源文件	属性
综合	二氧化碳排放总量达到峰值时间	2030 年左右达到峰值且努力早日达峰	国家自主贡献文件、国发〔2016〕61 号	约束性
	单位国内生产总值二氧化碳排放降低	比 2005 年下降 40%～45%。	中发〔2015〕12 号	约束性
		比 2015 年下降 18%	"十三五"规划纲要、国发〔2016〕61 号、发改基础〔2016〕2795 号、发改能源〔2016〕2744 号	约束性
	能源消费总量/（亿 t 标准煤）	<50	国发〔2016〕61 号、国发〔2016〕74 号、发改基础〔2016〕2795 号、发改能源〔2016〕2744 号	预期性
	煤炭消费总量/（亿 t 原煤）	42 左右	国发〔2016〕61 号	预期性
		41	发改能源〔2016〕2744 号	
	大型发电集团单位供电二氧化碳排放强度/[g/（kW·h）]	<550	国发〔2016〕61 号	预期性

分类	指标名称	2020 年目标	主要来源文件	属性
综合	煤电机组二氧化碳排放强度/[g/（kW·h）]	865 左右	电力发展"十三五"规划	预期性
	全国碳排放权交易市场的启动与运行		国家自主贡献文件、发改气候规〔2017〕2191 号	约束性
能源节约	现役煤电机组平均供电煤耗/[g/（kW·h）]	<310	发改基础〔2016〕2795 号、电力发展"十三五"规划	约束性
	新建煤电机组平均供电煤耗/[g/（kW·h）]	<300	发改基础〔2016〕2795 号、电力发展"十三五"规划	约束性
能源结构	电煤占煤炭消费比重/%	>55	国发〔2016〕74 号、发改能源〔2016〕2744 号	预期性
	非化石能源消费比重/%	15 左右	中发〔2015〕12 号、国家自主贡献文件	约束性
		15	"十三五"规划纲要、国发〔2016〕61 号、国发〔2016〕74 号	
		15 以上	发改能源〔2016〕2744 号	
	天然气消费比重/%	10 左右	国发〔2016〕61 号、国发〔2016〕74 号	预期性
		10 以上	国家自主贡献文件	
		力争达到 10	发改能源〔2016〕2744 号	
	煤炭消费比重/%	<58	国发〔2016〕74 号、发改能源〔2016〕2744 号	
	非化石能源发电量比重/%	31	发改能源〔2016〕2744 号	预期性
	电能占终端能源消费比重/%	27	发改能源〔2016〕2744 号、电力发展"十三五"规划	预期性

5.2 指标执行情况分析

5.2.1 综合性指标

1）二氧化碳排放总量达到峰值时间

二氧化碳排放总量，是指一定管辖区域在某一时期内排放二氧化碳的总和。

二氧化碳排放总量达到峰值时间的目标值是 2030 年左右，并争取提前。

2014 年 11 月 12 日，中国政府与美国政府在北京联合发表了《气候变化联合声明》。声明提出，中国计划 2030 年左右二氧化碳排放达到峰值且将努力早日达峰。

达峰与经济发展速度和能源消费总量增长速度有关。首先，能源消费总量增速大小决定了峰值的时间及峰值的量，达到峰值的时间越提前则峰值的量越小。如果经济不发展或者过慢发展，则达到峰值的时间越早且峰值量越小；但经济发展过快，能源消费的长期增速较高，峰值的量越大，峰值到达的时间越迟。其次碳排放的峰值到达时间，与能源消费总量增速降低的时间并不一定同步，主要取决于低碳能源在能源消费中的比例和单位 GDP 碳排放强度降低程度。碳减排强度越大，如非化石能源的占比提高以及天然气替代煤炭力度加大，峰值的量会越小，但由于受能源消费总量增速的影响，达到峰值的时间并不一定提前。需要说明的是，以上分析在能源消费增速平稳，且增速呈前高后低的情况下具有较强的参考价值。如果在 2030 年到达到峰值的时间段内，某几年或者某年出现能源消费量突变式高速增长对碳排放峰值时间和峰值的量是有影响的。如果能源消费增速较高且呈前低后高之势，除非到 2030 年能源消费增速"断崖"式停止，否则碳排放峰值时间将会推迟。

2）单位国内生产总值二氧化碳排放降低

单位国内生产总值二氧化碳排放量，即单位 GDP 二氧化碳排放强度，是指一定时期内一个国家每生产一个单位的国内生产总值所排放的二氧化碳量。计算公式如式（1）所示

$$单位国内生产总值二氧化碳排放量 = \frac{国内二氧化碳排放总量}{国内生产总值} \qquad (1)$$

单位国内生产总值二氧化碳排放降低量，是指统计期内单位国内生产总值二氧化碳排放量与基准期内单位国内生产总值二氧化碳排放量相比的降低幅度。

2015 年 5 月，中共中央、国务院关于印发《加快推进生态文明建设的意见》（中发〔2015〕12 号）中明确：到 2020 年，单位国内生产总值二氧化碳排放强度比 2005 年下降 40%～45%。

2016 年、2017 年国家通过若干低碳环保节能政策文件及实施散煤综合治理、淘汰部分燃煤小锅炉、实施燃煤电厂的超低排放与节能改造、保障可再生能源发电上网及其他低碳环保措施，单位国内生产总值二氧化碳排放量逐年降低，2016 年和 2017 年分别下降 3.9%、4%。

2018 年生态环境部发布的《2018 中国生态环境状况公报》中指出，2018 年单位国内生产总值二氧化碳排放量下降 4%，超过年度预期目标 0.1 个百分点；比 2005 年下降 45.8%，超过到 2020 年单位国内生产总值二氧化碳排放量降低 40%～45%的目标。

3）能源消费总量

能源消费总量（亿 t 标准煤）是指一定地域内，国民经济各行业和居民家庭在一定时期消费的各种能源的总和。这些能源包括三类，即原煤、原油、天然气、水能、核能、风能、太阳能、地热能、生物质能等一次能源；一次能源通过加工转换产生的洗煤、焦炭、煤气、电力、热力、成品油等二次能源和同时产生的其他产品；其他化石能源、可再生能源和新能源。其中水能、风能、太阳能、地热能、生物质能等可再生能源，是指人们通过一定技术手段获得的，并作为商品能源使用的部分。

能源消费总量是通过能源综合平衡统计核算的，即通过编制能源平衡表的方法取得。在核算过程中，一次能源、二次能源消费不能重复计算。能源消费总量分为终端能源消费量、能源加工转换损失量和能源损失量三部分。计算公式如式（2）所示：

能源消费总量=终端能源消费量+能源加工转换损失量+能源损失量　　（2）

2016 年 11 月，《国务院关于印发〈"十三五"控制温室气体排放工作方案〉的通知》（国发〔2016〕61 号）中明确，"到 2020 年，能源消费总量控制在 50 亿 t 标准煤以内。"

"十三五"期间能源消费总量稳步提高。根据国家统计局发布的数据显示，2016 年全年能源消费总量 43.6 亿 t 标准煤，比 2015 年增长 1.4%。2017 年全年能源消费总量 44.9 亿 t 标准煤，比 2016 年增长 2.9%。2018 年全年能源消费总量 46.4 亿 t 标准煤，比 2017 年增长 3.3%。

能源消费总量指标的设定取决于对经济增速的预测，预测的不确定性因素很多。预测值偏小则缺乏实际操作性，预测值偏大则难以对能源总量控制形成有效的"约束"。同时，能源消费总量指标设定对能源消费的增长有抑制作用，可能对中国的产业结构、工业化进程产生影响，以行政手段对能源资源在区域间进行分配，可能阻碍能源要素的市场化配置。

国家"十三五"规划纲要要求到 2020 年能源消费总量控制在 50 亿 t 标准煤以内。2016 年、2017 年中国能耗总量增速分别约为 1.4%、2.9%。随着中国人民群众生活用能需求进一步提升等因素影响，能耗总量增速可能会进一步提升，2018 年中国能耗总量增速约为 3.3%，"十三五"规划纲要要求的到 2020 年我国能耗总量控制目标完成的任务存在压力。

4）煤炭消费总量

煤炭消费总量（亿 t 原煤）是一定时期内我国各行业和居民生活消费的煤炭能源的总和。

2016 年 11 月，《国务院关于印发〈"十三五"控制温室气体排放工作方案〉的通知》（国发〔2016〕61 号），要求到 2020 年煤炭消费总量控制在 42 亿 t 左右；2016 年 12 月，国家发展改革委、国家能源局关于印发《能源发展"十三五"规划的通知》（发改能源〔2016〕2744 号），要求 2020 年煤炭消费总量控制在 41 亿 t 以内。

根据国家统计局核算的数据，除 2016 年下降 4.7%外，煤炭消费总量 2017 年、2018 年分别增长 0.4%、1.0%。2018 年煤炭消费总量约为 38.3 万 t（原煤），煤炭消费总量增长的原因是中国电力需求的不断增大。随着产能布局调整、清洁能源发电量增大、煤耗重点部门的工艺优化、能源供给侧结构性改革等政策措施的出台，以最大每年 1.0%增长率计算，2020 年煤炭消费总量小于 41 亿 t（原煤），"十三五"时期煤炭消费总量指标预估可以完成。

煤炭消费总量指标的设定与控制污染物排放和改善环境质量有关。以煤炭消费总量控制来制定政策，有可能会使一些地区并非按环境质量和气候变化影响的大小执行政策，而是按能否完成任务来执行，最终导致结果可能与环境质量改善目标相差较大。比如减少燃煤量，如果减少的是电煤而增加了散烧煤，即便煤炭在总量上减少，对环境的污染反而是增加的，因为，电煤与散烧煤的污染控制措施有很大不同，同等的污染物排放量对环境的影响也有很大不同。

5）大型发电集团供电二氧化碳排放强度

供电二氧化碳排放强度是指统计期内机组每供应 1 kW·h 电能所排放的二氧化碳量。

2016 年 11 月，《国务院关于印发〈"十三五"控制温室气体排放工作方案〉的通知》（国发〔2016〕61 号）要求到 2020 年，大型发电集团单位供电二氧化碳排放控制在 550 g/（kW·h）以内。

因为"大型发电集团"没有统一的定义，所以大型发电集团单位供电二氧化碳排放强度指标所指的发电企业范围不明确，对落实情况带来影响。

6）煤电机组二氧化碳排放强度

煤电机组二氧化碳排放强度没有明确范围，煤电机组二氧化碳排放强度可以是煤电机组发电二氧化碳排放强度，也可以是煤电机组供电二氧化碳排放强度。这两个指标定义与数值并不一致。

2016 年 12 月，国家发展改革委发布《电力发展"十三五"规划》，规划要求煤电机组二氧化碳排放强度下降到 865 g/（kW·h）左右。

目前，多数发电企业未开展燃煤碳元素含量及氧化率实测工作，核算碳排放量时采用国家碳排放主管部门公布的燃煤含碳量和氧化率缺省值，导致无法获得准确的排放量数据。

7）我国碳排放权交易市场启动与运行

根据国家发展改革委《全国碳排放权交易市场建设方案（发电行业）》（发改气候规〔2017〕2191 号），发电行业（含热电联产）率先启动全国碳排放交易体系，逐步扩大参与碳市场的行业范围，增加交易品种，不断完善碳市场。碳市场建设是用市场机制来控制和减少温室气体排放、推动绿色低碳发展的一项重大制度创新。通过借鉴国外碳市场和总结中国试点积累的经验推进我国统一的碳排放权交易市场的建设。

根据《全国碳排放权交易市场建设方案（发电行业）》的要求，中国碳排放权交易市场建设进展情况如下。

一是在制度体系建设方面，《碳排放权交易管理暂行条例》的起草和完善为碳交易奠定了法律基础。在《碳排放权交易管理暂行条例》起草过程中向社会公开征求意见，包括企业、地方政府、行业部门的意见；同时相关配套制度，包括重点排放单位温室气体排放报告管理办法、核查管理办法、交易市场监督管理办法等一系列的制度性文件的制定，促进了我国碳排放权交易市场的建设。二是在技术规范体系建设方面，生态环境部开展了2018年度碳排放数据的报告、核查及排放监测计划制定工作，进一步完善发电行业配额分配的技术方案，同时各省（区、市）报送了发电行业的重点排放单位名单，从技术层面推进全国碳市场建设。三是在基础设施建设方面，生态环境部在原有全国排放权注册登记系统和交易系统的建设方案提出后，组织专家做出优化评估以进一步修订完善。在修订完善后，将会开展注册登记系统和交易系统建设。四是在能力建设方面，由生态环境系统牵头开展大规模培训行动，做好相关的能力建设。未来中国将出台重点排放单位的温室气体排放报告管理办法、核查管理办法、交易市场监督管理办法，构建完善制度体系为碳市场运行奠定制度基础；同时将推动《全国碳排放权配合总量设定和分配方案》《发电行业配额分配技术指南》的发布和全国碳排放权注册登记系统和交易系统建设，做好在发电行业率先开展交易的一系列准备工作。

在发电行业方面，中电联高度重视电力行业应对气候变化工作，积极支持和参与发电行业碳市场建设。2018年，按照国家应对气候变化主管部门要求，组织建立了电力行业低碳沟通协调平台，成立了电力行业低碳发展研究中心，协助政府有关部门开展了发电行业配额分配研究，组织编制了《发电企业碳排放交易技术指南》《碳排放权交易（发电行业）培训教材（试用版）》，初步提出了全国碳排放权交易市场（发电行业）运行测试方案、全国碳排放交易信用体系相关配套管理制度等。

在电力企业方面，各企业积极参与碳市场和机制建设工作，搭建碳资产管理体系，部分集团推进碳资产统一专业化管理，成立了碳资产专业公司；认真完成碳排放核查工作，摸清排放家底，分析配额特点；组织实施碳资产管理平台建设，不断提升碳排放信息化管理水平；不断加强碳排放管理能力建设，针对碳交易政策、配额分配、交易策略等进行培训和模拟演练，提升参与市场交易的能力。

5.2.2 能源节约型指标

1）现役煤电机组平均供电煤耗和新建煤电机组平均供电煤耗

供电煤耗（发电热效率）。供电煤耗又称供电标准煤耗，是指火力发电企业每向外提供 1 kW·h 电能平均耗用的标准煤量。其计算公式如式（3）所示：

$$供电煤耗 = \frac{供电总标准煤量}{火电总供电量} \qquad (3)$$

现役煤电机组平均供电煤耗在 2020 年要小于 310 g/（kW·h），新建煤电机组平均供电煤耗在 2020 年要小于 300 g/（kW·h），其中所有现役煤电机组供电煤耗与新建燃煤发电机组供电煤耗是约束性指标。

2016 年 12 月 29 日，国家发展改革委、国家能源局关于印发《能源生产和消费革命战略（2016—2030)》的通知（发改基础〔2016〕2795 号），要求所有现役电厂平均供电煤耗低于 310 g 标准煤/（kW·h），新建电厂平均供电煤耗低于 300 g 标准煤/（kW·h）。

"十三五"期间，全国平均供电煤耗持续下降。根据中电联统计，2016 年、2017 年，我国 6 000 kW 及以上火电厂供电标准煤耗分别是 312 g/（kW·h）、309 g/（kW·h）。2018 年全国 6 000 kW 及以上火电厂供电标准煤耗 307.6 g/（kW·h），比 2017 年降低 1.8 g/（kW·h），已提前完成了"十三五"规划中 310 g/（kW·h）的目标。

5.2.3 能源结构性指标

1）电煤占煤炭消费量比重

电煤消费量，是指煤炭用于发电的消费量。电煤占煤炭消费量比重，是指煤炭用于发电的消费量占煤炭消费量的比重。电煤占煤炭消费量比重是衡量煤炭清洁利用的一个指标。

2016 年 12 月，国家发展改革委、国家能源局印发《能源发展"十三五"规划》（发改能源〔2016〕2744 号），要求 2020 年发电用煤占煤炭消费比重提高到55%以上。

由于中国能源统计体系是与时俱进并逐渐完善的，统计口径在几十年内多次变化以及不同时期会对统计数据做出修正，因此，用于指标计算的数据有多种版本和不同来源。

发电用煤占煤炭消费量的比重由中电联 6 000 kW 以上电厂发电和供热消耗标煤量和国家统计局《中国统计摘要 2019》中公布的煤炭消费量计算得出 2016 年、2017 年和 2018 年发电用煤占煤炭消费的比重分别为 47.36%、51.06%和 54.39%，虽然与美国约 90%以上、欧洲约 80%的煤炭用于发电还有很大差距，但已经接近完成"十三五"规划的大于 55%的指标。

2）非化石能源消费比重

非化石能源消费比重，是指在统计范围内，非化石能源消费总量占一次能源消费总量的比例（单位：%）。其计算公式如式（4）所示：

$$非化石能源消费比重 = \frac{非化石能源消费总量}{一次能源消费总量} \times 100\% \qquad (4)$$

2016 年 12 月，国家发展改革委、国家能源局印发《能源发展"十三五"规划》（发改能源〔2016〕2744 号），要求 2020 年能非化石能源消费比重提高到 15%以上。

根据国家能源局数据，2016 年、2017 年和 2018 年非化石能源消费占一次能源消费总量比重分别为 13.3%、13.8%和 14.3%。2019 年我国能源工作会议指出，2019 年非化石能源消费比重提高到 14.6%左右，达到《能源发展"十三五"规划》进度要求。

《能源发展"十三五"规划》继续明确要求非化石能源消费比重显著提高。把发展清洁低碳能源作为调整能源结构的主攻方向，坚持发展非化石能源与清洁高效利用化石能源并举。逐步提高非化石能源消费比重，大幅降低二氧化碳排放强度和污染物排放水平，优化能源生产布局和结构，对非化石能源消费比重指标的达成有较大推动作用，预计非化石能源消费比重的指标可以实现。

3）天然气消费比重

天然气消费比重，是指在统计范围内，天然气消费总量占一次能源消费总量的比例（单位：%）。其计算公式如式（5）所示：

$$天然气占一次能源消费比重 = \frac{天然气消费总量}{一次能源消费总量} \times 100\% \qquad (5)$$

2016 年 12 月，国家发展改革委、国家能源局印发《能源发展"十三五"规划》（发改能源〔2016〕2744 号），要求 2020 年天然气消费比重力争达到 10%。

"十三五"期间天然气消费量持续增长。国家统计局数据显示 2016 年天然气消费量比 2015 年增长 8.0%，2016 年、2017 年和 2018 年天然气消费比重分别为 6.4%、7% 和 7.8%，距离《能源发展"十三五"规划》指标 10% 有一定的差距。

天然气消费比重指标的设定有助于中国环境治理，但中国天然气资源严重不足，人均天然气剩余探明可采储量仅相当于世界平均水平的 1/10；天然气对外依存度较高，根据统计局数据，2018 年天然气净进口量达到 9 039 万 t，超过日本成为全球第一。"十三五"期间中国居民用气、工业燃料用气和发电用气快速增长，但部分地区在供暖季出现"气荒"问题。2018 年根据国务院要求，坚持从实际出发，宜电则电、宜气则气、宜煤则煤、宜热则热。故天然气的发展应与中国实际相结合。

4）煤炭消费比重

煤炭消费比重，是指在统计范围内，煤炭消费总量占一次能源消费总量的比例（单位：%）。其计算公式如式（6）所示：

$$煤炭消费比重 = \frac{煤炭消费总量}{一次能源消费总量} \times 100\% \qquad (6)$$

2016 年 12 月，国家发展改革委、国家能源局印发《能源发展"十三五"规划》（发改能源〔2016〕2744 号），要求 2020 年煤炭消费比重降低到 58%。

《能源发展"十三五"规划》明确要求煤炭消费比重进一步降低。根据国家统计局数据，2016 年煤炭消费量占能源消费总量的 62.0%，比 2015 年下降 2.0 个百分点；2017 年煤炭消费量占能源消费总量的 60.4%，比 2016 年下降 1.6 个百分点；2018 年煤炭消费量占能源消费总量的 59.0%，比 2017 年下降 1.4 个百分点。2019 年我国能源工作会议上提出 2019 年煤炭消费比重下降到 58.5% 左右，由于中国实现了从一煤独大到清洁绿色的巨大转变，走上了节能降耗、集约高效的新道路，预计 2020 年，"十三五"规划煤炭消费比重降低到 58%以下的目标可以实现。

5）非化石能源发电量比重

非化石能源发电量比重，指在统计范围内，非化石能源发电总量占全部发电量的比例（单位：%）。其计算公式如式（7）所示：

$$非化石能源发电量比重 = \frac{非化石能源发电总量}{全部发电量} \times 100\% \qquad （7）$$

非化石能源发电总量，是指统计报告期内，企业实际拥有以非化石能源发电的在役发电机组发电量总和。

全部发电量，是指统计报告期内，发电企业实际拥有的在役发电机组发电量总和。

2016 年 12 月，国家发展改革委、国家能源局印发《能源发展"十三五"规划》（发改能源〔2016〕2744 号），要求 2020 年非化石能源发电量比重为 31%。根据中电联统计，2016 年，水电、核电、并网风电和并网太阳能发电等非化石能源发电量合计比 2015 年增长 12.3%；非化石能源发电量占全口径发电量的比重为 29.3%，比重比 2015 年提高 2.1%。2017 年，全国非化石能源发电量 19 426 亿 kW·h，同比增长 10.1%；占总发电量的比重为 30.3%，比 2016 年提高 1.0 个百分点。2018 年，全国非化石能源发电量 21 634 亿 kW·h，同比增长 11.4%；占全口径发电量的比重为 30.9%，比 2017 年提高 0.8 个百分点。

近年来，中国非化石能源发展进入高速增产时期，国家出台了《可再生能源中长期发展规划》《可再生能源发展"十一五"规划》《可再生能源发展"十二五"规划》《可再生能源发展"十三五"规划》等政策大力支持非化石能源的发展，对水电、风电及光伏发电产业也进行了补贴支持，已明显高于同时期美国等其他国家非化石能源发展速度，预计 2020 年"十三五"规划非化石能源发电量比重指标可以完成。

2010—2018 年全国非化石能源发电量及占比变化情况如图 5-1 所示。

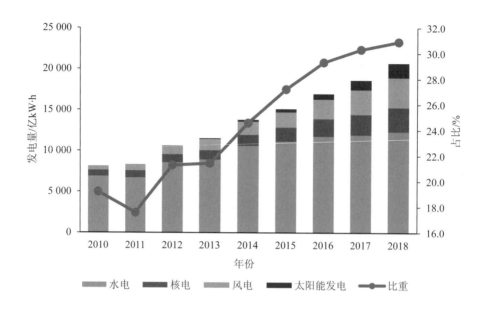

图 5-1 2010—2018 年全国非化石能源发电量及占比变化情况

6）电能占终端能源消费比重

电能占终端能源消费比重的计算公式如式（8）所示：

$$电能占终端能源消费比重 = \frac{电能消费量}{终端能源消费量} \times 100\% \qquad (8)$$

终端能源消费量，是指一定时期内，全国生产和生活消费的各种能源在扣除了用于加工转换二次能源消费量和损失量以后的数量。

2016 年 12 月，国家发展改革委、国家能源局印发《能源发展"十三五"规划》（发改能源〔2016〕2744 号），要求 2020 年电能在终端能源消费中的比重提高到 27%以上。

根据中国能源统计年鉴数据，中国电能占终端能源消费比重 2016 年为 23.04%，2017 年为 23.9%。由于能源计算方法的差别，与"十三五"电力规划在 2020 年电能占终端能源消费比重为 27%的目标难以做出比较。

6 "十四五"低碳电力发展指标调整建议

在中国经济已由高速增长阶段转向高质量发展阶段和党的十九大报告对中国经济社会发展的目标做出新的部署的背景下，伴随着中国环境质量和全球应对气候变化的新要求，中国低碳电力发展已成为高质量发展的重要组成部分和中国人民共同关注和行动的重要领域。推进低碳发展的政策体系是一个非常复杂的系统，其中的指标体系是一个复杂的多指标、多层次的系统，而低碳电力发展指标体系是低碳发展政策体系的核心。

中国低碳电力发展指标体系是引导落实低碳电力发展理念的重要工具，是实现低碳电力发展总目标所需政策体系的骨干框架。体系中的各个"指标"是形成框架的各个节点，科学有序地把总目标进行层层分解、传递、承载。因此，构建好新的低碳电力发展指标体系对于落实新的发展理念和实现新的发展目标至关重要。根据新的发展理念和发展目标要求，需对原有的指标进行调整，对体系进行再构建。

6.1 指标选择依据

6.1.1 政策法规

党的十九大提出新理念、新思想、新战略。在能源电力方面，要求推进能源生产和消费革命，构建绿色低碳、安全高效的能源体系；构建市场导向的绿色技术创新体系，壮大节能环保产业、清洁生产产业、清洁能源产业。在生态文明方面，要求形成绿色发展方式和生活方式，坚定走生产发展、生活富裕、生态良好的文明发展道路，建设美丽中国，为人民创造良好生产生活环境，为全球生态安全作出贡献；坚持全民共治、源头防治，持续实施大气污染防治行动，打赢蓝天保卫战；气候变化方面，要求坚持环境友好，合作应对气候变化，保护好人类赖以生存的地球家园，积极参与全球环境治理，落实减排承诺。

国家出台了一系列重大方针政策。政府工作报告提出，要大力推动高质量发展，着力解决发展不平衡、不充分问题；推进污染防治取得更大成效，巩固蓝天保卫战成果。只有贯彻新发展理念才能增强发展动力，推动高质量发展。推动电力行业的高质量发展，需做好电力发展的顶层设计和总体谋划，正确把握实现电力行业高质量发展长远目标和做好当前工作的关系，使环境保护、资源节约、低碳节能等目标协调发展。

6.1.2 对外承诺

2014 年 11 月 12 日，中国政府与美国政府在北京联合发表了《气候变化联合声明》（以下简称《声明》）。《声明》提出，中国计划 2030 年左右二氧化碳排放达到峰值且将努力早日达峰，并计划到 2030 年非化石能源消费比重提高到 20% 左右。

对中国来说，《声明》不仅是一项重大的政治决定，也是应对气候变化道路上一座新的里程碑，必将对中国经济和社会的发展产生重大而深远的影响。

6.2 指标体系构建

6.2.1 构建原则

（1）坚持以"低碳电力发展"和"高质量发展"要求为导向。

（2）更加注重依法治国要求，在法律框架内解决问题，采用市场化手段解决低碳电力发展问题。

（3）进一步简化指标数量，减少约束性指标，更加重视指标与政策的配套。

（4）低碳电力发展指标遵循指标体系下的设定应从整体考虑。

6.2.2 指标调整

根据低碳电力发展指标的选择依据和指标体系构建的原则，对原有指标进行调整。

1）指标调整建议一

对能源消费总量、大型发电集团单位供电二氧化碳排放、大型发电集团单位煤电二氧化碳排放、煤电机组供电煤耗、煤炭消费比重和天然气消费比重六项指标仅设定为长期的、预期性指标，且不进行考核和分解。

（1）能源消费总量

能源消费总量的构成如图 6-1 所示。

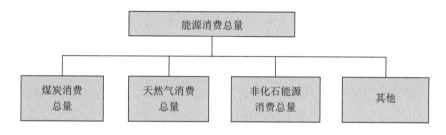

图 6-1　能源消费总量构成（亿 t 标准煤）

"十三五"期间能源发展主要指标分别设定了能源消费总量与煤炭消费总量。能源消费总量指标与煤炭消费总量指标是上下级指标关系，能源消费总量不仅与煤炭消费总量有关，而且与天然气消费总量、非化石能源消费总量、其他消费量都有关系，能源消费总量是以上各项消费量的加和。设定能源消费总量指标值，对各分项、各个领域的能源消费总量有限制作用，鉴于中国能源需求一直刚性增长，充分考虑社会经济发展因素，建议能源消费总量指标不进行考核和分解。

（2）煤电机组供电煤耗

"十三五"期间煤电机组供电煤耗逐步降低，但随着非化石能源发电装机、发电量比重持续增长，火电机组参与调峰的规模也逐年增大，2020 年我国预计完成全部具备条件的燃煤机组的超低排放改造，供电煤耗降低的难度逐年增大。在新形势下，煤电机组需要与非化石能源协调发展，在发展过程中煤电机组供电煤耗指标逐渐不能完全反映中国火电低碳发展的实际，故建议煤电机组供电煤耗指标不进行考核和分解。

（3）天然气消费比重和煤炭消费比重

天然气消费比重与煤炭消费比重指标之间的关系如图 6-2 所示。

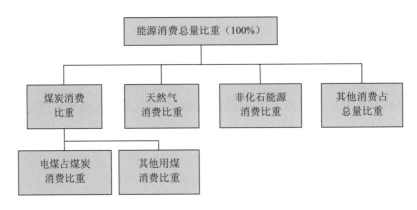

图 6-2　消费比重指标关系

如图 6-2 所示，煤炭消费比重、非化石能源消费比重、天然气消费比重与其他消费占总量比重之和等于能源消费总量比重（100%）。电煤占煤炭消费比重与其他用煤消费比重之和等于煤炭消费比重。

煤炭消费比重、非化石能源消费比重与天然气消费比重三个指标之间有彼此制约的关系。不同能源品种和能量形式——如煤与天然气具有相互可代替性，即替代弹性高。所以其中一个指标值的变化会影响到其他指标的变化。指标的关联性决定一个指标（尤其是关键性指标）的目标值或者实际值的变化都会影响到其他指标的"连锁式"变化。

某一个指标的变化（非化石能源消费比重），不仅涉及确定这个指标部门的工作调整，也必然涉及与其相关部门的工作调整，进而涉及众多部门，甚至整个政策系统和措施系统的相应调整，涉及与之相关的大量企业的策略、措施调整。

电煤占煤炭消费比重是衡量煤炭清洁利用的重要指标。2018 年电煤占煤炭消费比重为 50% 左右，还有工业锅炉、炉窑及生活散烧煤等非电燃煤正大量使用，而非电用煤是造成中国环境污染的因素之一。中国燃煤电厂的污染控制水平已经达到世界先进水平，电力烟尘排放绩效从 2015 年的 0.09 g/（kW·h）下降到 2018 年的 0.04 g/（kW·h）；二氧化硫排放绩效从 2015 年的 0.47 g/（kW·h）下降到 2018 年的 0.2 g/（kW·h），在同样燃煤量条件下，煤炭用于散烧二氧化硫的排放量是燃煤电厂的 10～20 倍。燃煤发电能源利用效率也要远远高于散烧煤，2018 年中国燃煤电厂供电煤耗为 307.6 g/（kW·h），继续保持世界先进水平。

进一步分析得出，如果指标间是属于"网状"结构，则可以大为简化指标数量，尤其是可以减少定值约束性指标，因为定值约束性指标如果与另一个约束性指标处在一个"网状"结构中，只要其中一个指标值发生了变化，这两个指标必然会造成矛盾状态，如煤炭消费比重、非化石能源消费比重、天然气消费比重三个指标之间会造成矛盾。建议煤炭消费比重和天然气消费比重这两个指标不进行考核与分解。

　　2）指标调整建议二

　　建议将大型发电集团单位供电二氧化碳排放指标和煤电机组二氧化碳排放指标分别调整为全国火电发电量二氧化碳排放强度[g/（kW·h）]和全国发电量二氧化碳排放强度[g/（kW·h）]。

　　（1）大型发电集团单位供电二氧化碳排放与煤电机组二氧化碳排放。

　　考虑指标值适用范围不明确，故建议取消大型发电集团单位供电二氧化碳排放与煤电机组二氧化碳排放指标。

　　（2）全国火电发电量二氧化碳排放强度[g/（kW·h）]和全国发电量二氧化碳排放强度[g/（kW·h）]。

　　全国发电量二氧化碳排放强度，是指统计期内全国发电机组每发出 1 kW·h 电能平均排放二氧化碳的排放数量。其计算公式如式（9）所示：

$$全国发电量二氧化碳排放强度 = \frac{全国发电机组二氧化碳排放总量}{全国发电机组总发电量} \quad (9)$$

　　全国单位火电发电量二氧化碳排放强度，是指统计期内全国火电机组每发出 1 kW·h 电能平均排放二氧化碳的排放数量。其计算公式如式（10）所示：

$$全国单位火电发电量二氧化碳排放强度 = \frac{全国火电二氧化碳排放总量}{全国火电总发电量} \quad (10)$$

　　中电联从 2005 年开始统计全国单位火电发电量二氧化碳排放强度与全国发电量二氧化碳排放强度数据，全国发电量二氧化碳排放强度指标可以用来分析发电机组电源结构调整（如风电、太阳能等）非化石能源发电情况；火电机组二氧化碳排放强度可为二氧化碳配额测算与二氧化碳排放标准制定提供数据支撑。

6.2.3 指标体系构建

基于上述分析，构建"十四五"低碳电力指标体系如图 6-3 所示。

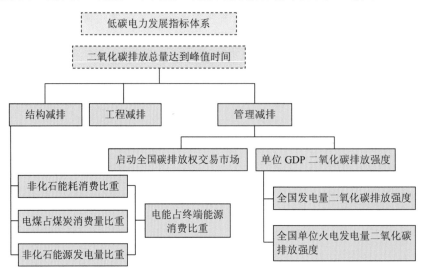

图 6-3 "十四五"低碳电力发展指标体系

Part ③

第三部分

促进中国低碳电力发展的
政策建议

7 政策建议

7.1 建议完善指标体系顶层设计

一是需要法律支撑。到目前为止，中国还没有综合性的能源法和应对气候变化法或者低碳发展法等，现行的低碳发展指标、政策等有些是根据相关法律，有些是根据上级文件，有些则是各政府部门自行提出要求自行出台政策。

二是需协调各种目标之间的关系。低碳电力发展指标与能源发展、污染控制、能源结构转型、新兴产业发展等多种目标相互联系，并且由于不同的目标分别赋予不同的政府机构进行管理，各种目标需要协调。

三是总体目标需优化。从实践过程和实践结果看，不同部门各自按职责范围确定目标，如综合规划往往是各个单项规划的加总，只是尽可能协调表面问题，而避免不了隐性深层次矛盾，总体目标更不一定是整体优化的结果。中国需要完善低碳电力发展相关法律，把握低碳电力发展各项指标的协调问题，从顶层设计统筹气候变化、能源转型、新型产业发展、大气污染控制、经济发展等事项的协调发展。

7.2 建议以碳统领解决低碳能源电力发展的约束性问题

一是目标需要科学决策机制支持。目前中国一些政策可能是依据短时、局部或是个别试验的结果，这些政策中制定的目标可能会缺乏科学决策机制支持。

二是目标需要反映当今实际问题。一些目标虽然是通过各种能源模型来计算的，但由于输入条件本身的变化和不确定性，其目标可能已不能反映出当今实际问题。例如能源效率的控制，无论是从绝对影响（环境质量）还是相对水平（先进性）来看，都已不再是制约能源电力发展的主要制约因素，而碳排放控制将成为中、长期发展最大的制约因素，一切战略目标和战术措施都应将此当成最重要问题加以策划，应以碳统领解决低碳能源电力发展的约束性问题。

7.3 建议发挥碳排放权交易市场机制协同作用

中国需要发挥碳市场机制协同作用，尽可能采用碳市场来统领各种政策。碳市场的全称和本质是"限额-交易"机制，限额是政府之"手"，而交易是市场之"手"，两者构成了完整的碳减排政策机制。当前实施的有利或者促进低碳发展的各种政策，需要优先考虑、创造条件通过碳市场来解决。这不仅是因为市场经济的优越性已被证实，而且更为重要的是，随着低碳能源的转型，能源与电力、电力需求与电力供给、电力生产供应与储能储电将高度紧密结合在一起，形成供需耦合机制。这样可以解决一些目标过快完成的情况，比如原计划五年完成的，结果可能一两年就完成了；原计划局部推进、取得试点经验再扩大推进的，结果可能成了全面推进。

7.4 建议简化碳减排指标并优化低碳政策

由于能源电力的高替代弹性的特点，碳减排指标体系需要简化，尽量减少定值约束性指标。习近平总书记多次强调，应对气候变化不是别人要我们做，是我们自己要做的，所以应当内外一致。我们应以中国向国际社会的承诺目标为依据，确定碳减排指标体系，同时要根据应对气候变化形势的发展、中国经济发展和碳减排进展，研究科学的碳减排承诺目标，并修订相应的碳减排指标和目标。一方面，能源领域应对气候变化的核心指标是控制二氧化碳排放总量，宏观指标制定时应尽可能向总量过渡。宏观总量指标向电力传递时，要考虑电力转型对经济社会的影响，以电力碳强度（碳基线）作为基准或者门槛，以碳总量作为总控制目标，促进运用碳市场的方法完成减碳任务。在碳指标简化、目标明确的前提下，部门在碳目标上的整合力度需增大，建议由应对气候变化的主管部门牵头，统一制定与碳指标、碳目标相关的政策性文件。另一方面，需减少与碳目标相关的文件数量和层次，在碳总量目标分解传递过程中防止层层加码。在相关能源电力规划制定中应当尽可能减少规划文件的层级，建议在能源规划中，以碳减排目标为主要约束性目标，以电力为中心进行能源规划。

Appendices

附　录

2018 年以来中国电力节能环保低碳相关法规政策

序号	发布单位	文件名称	文号
1	国务院	《国务院关于落实〈政府工作报告〉重点工作部门分工的意见》	国发〔2019〕8 号
2	国务院	《国务院关于实施健康中国行动的意见》	国发〔2019〕13 号
3	国务院	《国务院关于促进天然气协调稳定发展的若干意见》	国发〔2018〕31 号
4	国务院	《国务院关于开展 2018 年国务院大督查的通知》	国发明电〔2018〕3 号
5	国务院办公厅	《国务院办公厅关于调整国家应对气候变化及节能减排工作领导小组组成人员的通知》	国办函〔2019〕99 号
6	国务院办公厅	《关于加快推进社会信用体系建设构建以信用为基础的新型监管机制的指导意见》	国办发〔2019〕35 号
7	国务院办公厅	《国务院办公厅关于印发国务院 2019 年立法工作计划的通知》	国办发〔2019〕18 号
8	国务院办公厅	《国务院办公厅关于调整国务院第二次全国污染源普查领导小组组成人员的通知》	国办函〔2018〕74 号
9	国务院办公厅	《关于开展生态环境保护法规、规章、规范性文件清理工作的通知》	国办发〔2018〕87 号
10	中共中央、国务院	《关于建立以国家公园为主体的自然保护地体系的指导意见》	—
11	中共中央、国务院	《中共中央、国务院关于建立国土空间规划体系并监督实施的若干意见》	—
12	中共中央、国务院	《国家生态文明试验区（海南）实施方案》	—
13	中共中央、国务院	《大运河文化保护传承利用规划纲要》	—
14	中共中央、国务院	《中央生态环境保护督察工作规定》	—
15	中共中央、国务院	《关于统筹推进自然资源资产产权制度改革的指导意见》	—
16	中共中央、国务院	《中共中央办公厅　国务院办公厅关于调整国家能源局职责机构编制的通知》	—

序号	发布单位	文件名称	文号
17	全国人民代表大会	《中华人民共和国电力法》	—
18	全国人民代表大会	《中华人民共和国环境影响评价法》	—
19	全国人民代表大会	《中华人民共和国环境噪声污染防治法》	—
20	全国人民代表大会	《关于修改〈中华人民共和国电力法〉等四部法律的决定》	—
21	生态环境部	《关于发布〈生态环境部审批环境影响评价文件的建设项目目录（2019年本）〉的公告》	公告 2019 年第 8 号
22	生态环境部	《关于发布〈有毒有害大气污染物名录（2018年）〉的公告》	公告 2019 年第 4 号
23	生态环境部	《关于取消建设项目环境影响评价资质行政许可事项后续相关工作要求的公告（暂行）》	公告 2019 年第 2 号
24	生态环境部	《关于发布〈污染地块风险管控与土壤修复效果评估技术导则（试行）〉国家环境保护标准的公告》	公告 2018 年第 78 号
25	生态环境部	《关于发布 2018 年〈国家先进污染防治技术目录（大气污染防治领域）〉的公告》	公告 2018 年第 76 号
26	生态环境部	《关于发布〈国家大气污染物排放标准制订技术导则〉等两项国家环境保护标准的公告》	公告 2018 年第 65 号
27	生态环境部	《关于发布〈排污许可证申请与核发技术规范　水处理（试行）〉国家环境保护标准的公告》	公告 2018 年第 52 号
28	生态环境部	《关于发布〈排污许可证申请与核发技术规范　锅炉〉和〈排污许可证申请与核发技术规范　陶瓷砖瓦工业〉两项国家环境保护标准的公告》	公告 2018 年第 26 号
29	生态环境部	《关于发布〈环境影响评价技术导则　大气环境〉国家环境保护标准的公告》	公告 2018 年第 24 号
30	生态环境部	《关于发布〈燃煤电厂超低排放烟气治理工程技术规范〉等 3 项国家环境保护标准的公告》	公告 2018 年第 4 号

序号	发布单位	文件名称	文号
31	生态环境部	《关于印发〈蓝天保卫战重点区域强化监督定点帮扶工作方案〉的通知》	环执法〔2019〕38 号
32	生态环境部办公厅	《关于印发〈规划环境影响跟踪评价技术指南（试行）〉的通知》	环办环评〔2019〕20 号
33	生态环境部办公厅	《关于印发〈2019 年全国大气污染防治工作要点〉的通知》	环办大气〔2019〕16 号
34	国家发展改革委	《关于修订〈长江经济带绿色发展专项中央预算内投资管理暂行办法〉的通知》	发改基础规〔2019〕738 号
35	国家发展改革委	《关于印发〈贯彻落实《关于促进储能技术与产业发展的指导意见》2019—2020 年行动计划〉的通知》	发改办能源〔2019〕725 号
36	国家发展改革委	《国家发展改革委关于全面放开经营性电力用户发用电计划的通知》	发改运行〔2019〕1105 号
37	国家发展改革委	《关于做好水电开发利益共享工作的指导意见》	发改能源规〔2019〕439 号
38	国家发展改革委	《关于修改〈关于调整水电建设管理主要河流划分的通知〉引用规范性文件的通知》	发改能源规〔2018〕1144 号
39	国家发展改革委	《关于印发〈洞庭湖水环境综合治理规划〉的通知》	发改地区〔2018〕1783 号
40	国家发展改革委	《关于印发〈汉江生态经济带发展规划〉的通知》	发改地区〔2018〕1605 号
41	国家发展改革委	《关于印发〈淮河生态经济带发展规划〉的通知》	发改地区〔2018〕1588 号
42	国家发展改革委	《关于印发〈绿色高效制冷行动方案〉的通知》	发改环资〔2019〕1054 号
43	国家发展改革委	《关于 2019 年全国节能宣传周和全国低碳日活动的通知》	发改环资〔2019〕999 号
44	国家发展改革委	《国家发展改革委关于完善风电上网电价政策的通知》	发改价格〔2019〕882 号
45	国家发展改革委	《关于降低一般工商业电价的通知》	发改价格〔2019〕842 号
46	国家发展改革委	《关于做好 2019 年重点领域化解过剩产能工作的通知》	发改运行〔2019〕785 号

序号	发布单位	文件名称	文号
47	国家发展改革委	《关于完善光伏发电上网电价机制有关问题的通知》	发改价格〔2019〕761 号
48	国家发展改革委	《关于三代核电首批项目试行上网电价的通知》	发改价格〔2019〕535 号
49	国家发展改革委	《关于电网企业增值税税率调整相应降低一般工商业电价的通知》	发改价格〔2019〕559 号
50	国家发展改革委	《关于开展第二监管周期电网输配电定价成本监审的通知》	发改价格〔2019〕165 号
51	国家发展改革委	《关于印发〈建立市场化、多元化生态保护补偿机制行动计划〉的通知》	发改西部〔2018〕1960 号
52	国家发展改革委	《关于印发〈提升新能源汽车充电保障能力行动计划〉的通知》	发改能源〔2018〕1698 号
53	国家发展改革委、国家能源局	《关于建立健全可再生能源电力消纳保障机制的通知》	发改能源〔2019〕807 号
54	国家发展改革委、国家能源局	《关于公布 2019 年第一批风电、光伏发电平价上网项目的通知》	发改办能源〔2019〕594 号
55	国家发展改革委、国家能源局	《关于印发〈清洁能源消纳行动计划（2018—2020 年）〉的通知》	发改能源规〔2018〕1575 号
56	国家发展改革委、国家能源局	《〈关于深化电力现货市场建设试点工作的意见〉的通知》	发改办能源规〔2019〕828 号
57	国家发展改革委、国家能源局	《关于印发〈输配电定价成本监审办法〉的通知》	发改价格规〔2019〕897 号
58	国家发展改革委、国家能源局	《关于规范开展第四批增量配电业务改革试点的通知》	发改运行〔2019〕1097 号
59	国家发展改革委、国家能源局	《关于做好 2019 年能源迎峰度夏工作的通知》	发改运行〔2019〕1077 号
60	国家发展改革委、国家能源局	《关于印发〈增量配电业务改革试点项目进展情况通报（第二期）〉的通知》	发改办体改〔2019〕375 号
61	国家发展改革委、国家能源局	《关于规范优先发电优先购电计划管理的通知》	发改运行〔2019〕144 号
62	国家发展改革委、国家能源局	《关于进一步推进增量配电业务改革的通知》	发改经体〔2019〕27 号
63	国家发展改革委、国家能源局	《关于积极推进风电、光伏发电无补贴平价上网有关工作的通知》	发改能源〔2019〕19 号

序号	发布单位	文件名称	文号
64	国家发展改革委、国家能源局	《关于请报送第四批增量配电业务改革试点项目的通知》	发改办运行〔2018〕1673号
65	国家发展改革委、国家能源局	《关于印发电力市场运营系统现货交易和现货结算功能指南（试行）的通知》	发改办能源〔2018〕1518号
66	国家发展改革委、水利部	《关于印发〈国家节水行动方案〉的通知》	发改环资规〔2019〕695号
67	国家发展改革委、河北省人民政府	《关于印发〈张家口首都水源涵养功能区和生态环境支撑区建设规划（2019—2035年）〉的通知》	发改地区〔2019〕1252号
68	国家发展改革委、生态环境部	《关于深入推进园区环境污染第三方治理的通知》	发改办环资〔2019〕785号
69	国家发展改革委、生态环境部	《关于公开征集清洁生产评价指标体系制（修）订项目的通知》	发改办环资〔2019〕680号
70	国家发展改革委、市场监管总局	《关于加快推进重点用能单位能耗在线监测系统建设的通知》	发改办环资〔2019〕424号
71	国家能源局	《关于印发〈核电厂运行性能指标（试行）〉的通知》	国能综通核电〔2019〕60号
72	国家能源局	《关于下达2019年能源领域行业标准制修（修）订计划及英文版翻译出版计划的通知》	国能综通科技〔2019〕58号
73	国家能源局	《关于印发〈电力建设工程质量监督专业人员培训考核暂行办法〉的通知》	国能发安全〔2019〕61号
74	国家能源局	《关于公布2019年光伏发电项目国家补贴竞价结果的通知》	国能综通新能〔2019〕59号
75	国家能源局	《关于开展电力建设工程施工现场安全专项监管工作的通知》	国能综通安全〔2019〕52号
76	国家能源局	《关于2019年户用光伏项目信息公布和报送有关事项的通知》	国能综通新能〔2019〕45号
77	国家能源局	《关于2018年度全国可再生能源电力发展监测评价的通报》	国能发新能〔2019〕53号
78	国家能源局	《关于2019年风电、光伏发电项目建设有关事项的通知》	国能发新能〔2019〕49号
79	国家能源局	《关于开展电力设备安全专项监管工作的通知》	国能综通安全〔2019〕40号

序号	发布单位	文件名称	文号
80	国家能源局	《关于印发〈能源标准化管理办法〉及实施细则的通知》	国能发科技〔2019〕38 号
81	国家能源局	《关于明确涉电力领域失信联合惩戒对象名单管理有关工作的通知》	国能综通资质〔2019〕33 号
82	国家能源局	《关于发布 2022 年煤电规划建设风险预警的通知》	国能发电力〔2019〕31 号
83	国家能源局	《关于完善风电供暖相关电力交易机制扩大风电供暖应用的通知》	国能发新能〔2019〕35 号
84	国家能源局	《关于印发〈能源行业市场主体信用修复管理办法（试行）〉的通知》	国能发资质〔2019〕22 号
85	国家能源局	《关于公布 2019 年全国水电站大坝管理单位安全责任人名单的通知》	国能综函安全〔2019〕135 号
86	国家能源局	《关于切实加强电力行业危险化学品安全综合治理工作的紧急通知》	国能综函安全〔2019〕132 号
87	国家能源局	《关于发布 2019 年度风电投资监测预警结果的通知》	国能发新能〔2019〕13 号
88	国家能源局	《关于印发 2019 年电力可靠性管理和工程质量监督工作重点的通知》	国能综通安全〔2019〕17 号
89	国家能源局	《关于发布 2018 年度光伏发电市场环境监测评价结果的通知》	国能综通新能〔2019〕11 号
90	国家能源局	《关于印发〈能源行业深入推进依法治理工作的实施意见〉的通知》	国能发法改〔2019〕5 号
91	国家能源局	《关于印发〈能源行业市场主体信用信息应用清单（2018 版）〉的通知》	国能综通资质〔2018〕196 号
92	工业和信息化部、国家开发银行	《关于加快推进工业节能与绿色发展的通知》	工信厅联节〔2019〕16 号
93	工业和信息化部、国家发展改革委、科技部、公安部、交通运输部、市场监管总局	《关于加强低速电动车管理的通知》	工信部联装〔2018〕227 号

References

参考文献

[1] 国家统计局能源统计司. 中国能源统计年鉴 2018[M]. 北京：中国统计出版社，2019.

[2] 中国电力企业联合会. 中国电力行业年度发展报告 2019[M]. 北京：中国建材工业出版社，2019.

[3] 王志轩，张建宇，潘荔，等. 中国电力行业碳排放权交易市场进展研究——中国电力减排研究 2018[M]. 北京：中国电力出版社，2019.

[4] 王志轩，潘荔，张晶杰，等. 能源与电力发展的约束及对策[M]. 北京：中国电力出版社，2015.

[5] 王志轩，张建宇，潘荔，等. 中国电力减排政策分析与展望——中国电力减排研究 2015[M]. 北京：中国电力出版社，2016.

[6] 《中国电力百科全书》编辑委员会，中国电力出版社《中国电力百科全书》编辑部. 中国电力百科全书：综合卷[M]. 北京：中国电力出版社，2014.

[7] 国家能源局发展规划司，国家电网公司发展策划部，国网能源研究院. 能源数据手册 2018[R]. 北京：国网能源研究院，2019.

[8] 《碳排放权交易（发电行业）培训教材》编写组. 碳排放权交易培训教材[R]. 北京：生态环境部应对气候司，2019.

[9] 王志轩. 新中国电气化发展七十年[J]. 中国能源，2019（10）：9-17.

[10] 王志轩. 中国电力低碳发展的现状问题及对策建议[J]. 中国能源，2015，37（7）：5-10.

[11] 王志轩. 我国能源消费碳排放峰值水平估计及影响分析[J]. 中国电力企业管理，2014(23).

[12] 王志轩. 电力系统灵活性建设应统筹规划[J]. 中国电力企业管理，2019（3）：18-21.

[13] 姚明涛，康艳兵，熊小平. 扎实推进碳市场构建电力转型新机制[J]. 中国发展观察，2018（09）.

[14] 姚明涛，熊小平，康艳兵. 以碳排放指标为引领推动电力行业绿色低碳转型[J]. 中国能源，2017（3）.

[15] 马丽梅，史丹，裴庆冰. 中国能源低碳转型（2015—2050）：可再生能源发展与可行路径[J]. 中国人口·资源与环境，2018（2）.

[16] 王志轩. 电力企业应积极推动全国碳排放权交易市场建设[J]. 中国电力企业管理，2016（10）：30-31.

[17] 王志轩. 应对气候变化战略与能力建设[J]. 中国电力企业管理，2011（15）：28-29.

[18] 杨娟，纪晓军. 我国电力行业低碳环保发展研究[J]. 企业改革与管理，2018（22）.

[19] 王盛景. 我国电力低碳化及水电发展分析[J]. 现代经济信息，2009（24）.

[20] 陈健鹏. 现阶段应谨慎实施能源消费总量控制[J]. 中国发展观察，2012（12）：27-29.

[21] 霍沫霖，邢璐，单葆国，等. 中国电力生产碳减排潜力自下向上测算及方法研究[J]. 中国电力，2014（11）.

[22] 王志轩. 中国绿色经济体系顶层设计初探[J]. 中国电力企业管理，2012（11）：48-52.

[23] 邢璐，单葆国. 我国能源消费总量控制的国际经验借鉴与启示[J]. 中国能源，2012（9）.

[24] 王志轩. 中国能源电力转型的十大趋势[N]. 中国能源报，2019-01-02.

[25] 王志轩. 中国碳市场建设的几个关键问题（上）[N]. 中国财经报，2019-09-05，2.

[26] 王志轩. 中国碳市场建设的几个关键问题（下）[N]. 中国财经报，2019-10-22，2.

[27] 王志轩. 我国低碳电力发展指标体系问题及建议[N]. 中国电力报，2019-06-21.

[28] 王志轩. 碳市场和电力市场应相互协调[N]. 中国能源报，2017-09-18，11.